营养力

孕产营养
全程指导

王晓梅 \ WANG
XIAOMEI

主编

U0225642

中国妇女出版社

图书在版编目（CIP）数据

营养力：孕产营养全程指导 / 王晓梅主编. -- 北京：中国妇女出版社，2016.4

ISBN 978-7-5127-1215-7

Ⅰ.①营⋯ Ⅱ.①王⋯ Ⅲ.①孕妇—妇幼保健—食谱②产妇—妇幼保健—食谱 Ⅳ.①TS972.164

中国版本图书馆CIP数据核字（2015）第281655号

营养力——孕产营养全程指导

作　　者：	王晓梅　主编
选题策划：	王晓晨
责任编辑：	王晓晨
封面设计：	尚视视觉
责任印制：	王卫东
出版发行：	中国妇女出版社
地　　址：	北京东城区史家胡同甲24号　　邮政编码：100010
电　　话：	（010）65133160（发行部）　　65133161（邮购）
网　　址：	www.womenbooks.com.cn
经　　销：	各地新华书店
印　　刷：	北京通州皇家印刷厂
开　　本：	170×240　1/16
印　　张：	16
字　　数：	290千字
版　　次：	2016年4月第1版
印　　次：	2016年4月第1次
书　　号：	ISBN 978-7-5127-1215-7
定　　价：	49.80元

目录

孕3月 胎儿大脑发育进入高峰期

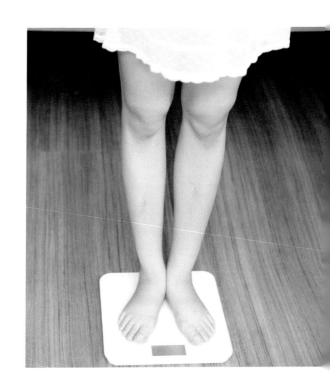

孕5月 身心舒适，胃口大开

坐月子　科学进补的月子餐

孕1月

培育高质量的受精卵

孕1～4周的胎儿和准妈妈

第1周的胎宝宝

虽然本周被称为孕1周，但准妈妈其实还没有怀孕呢。

此期，准妈妈应该正在经历怀孕前的最后一个月经周期。之所以从现在开始计算孕周，是因为目前为止还没有人可以说清确切的受孕时间（受精卵形成的时间）在哪一天，但准妈妈大多可以准确说出自己怀孕前最后一次月经的开始时间。

从一个卵子遇到精子直到胎宝宝被娩出，这个过程实际上是266天左右，但整个孕期一般按40周（280天）来计算，这是从末次月经的第1天算起的。在本书中，我们一般按惯例将末次月经的第1天作为孕期的第1天；每4周计为1个孕月（28天）。

在妊娠的最初几周，你可能自己也不知道已经怀孕。而实际上，在这最初几周，胎宝宝的发育是最容易受到各方面影响的。所以，一旦计划怀孕，并且没有采取避孕措施，你就需要保证自己的营养摄入和身体健康。

第2周的胎宝宝

排卵期一般处于两次月经的中间时期，大约是这个孕周的周末。排卵期一般会持续3～5天，这时的女性正处于受孕的最佳时期。

卵子的质量取决于体内的激素水平。健康的身体是保持激素水平的基础，女性在25岁左右身体最棒的时候孕育也最容易，30岁以后怀孕的难度就会逐步增加。建议备孕期的准妈妈注意调养身体，合理摄入营养，坚持运动，并要保持心情愉快，让身体达到最佳状态，怀上最棒的一胎。

为了提高精子的质量，建议准爸爸在备孕期间保持健康的饮食结构，不抽烟喝酒，多吃蔬菜水果和五谷杂粮，少吃高脂肪、高热量的垃圾食品，为孕育后代做好准备。

注意，人体处于良好的心理状态时，体力、精力、智力、性功能都处于高潮，精子和卵子的质量也高。受孕时，要确保你和准爸爸都心情舒畅、精神愉快，没有忧虑和烦恼，这样有利于受精卵着床，胎宝宝的素质也会较好。

第3周的胎宝宝

这周准妈妈将经历决定性的时刻，你将完成排卵和受精。从这周开始，准妈妈就已经是真正的孕妇了。

从卵子成功受精到沿着输卵管进入子宫并成功着床，这个过程需要11~12天的时间。在这短短的十几天之中，受精卵正以极快的速度分裂增殖，每一天这颗受精卵都将分裂为前一天的2倍。从现在开始，这团不到1毫克的小胚胎将与准妈妈密切相伴，度过余下的妊娠时间，直到成长为一个3000克左右、长约50厘米的胎儿，通过分娩降临到你们的身边。生命就是这样神奇。

这个阶段，即使还没有确定自己怀孕，也要从心理上慢慢转变，适应和接受自己成为孕妇的现实，这样才能够自然而然地用一个孕妇的标准来要求自己，良好的言行举止和生活习惯也会变得对宝宝有利。

第4周的胎宝宝

到了这周，受精卵将会完成着床的过程，成功植入子宫内膜层。从外观上看，这时候的小胚胎只有一粒绿豆般大小。

受精卵只有在子宫内膜上着床才能够发育成胎宝宝。如果受精卵没有在子宫内膜停留，而是在其他地方（如输卵管）停下来并发育，就会造成宫外孕。宫外孕给母体带来的威胁非同小可，严重时甚至会危及生命。因此在确定怀孕后，你要尽早去医院做检查，以排除宫外孕的可能。

同时，在母体内部，一场复杂的生命构造运动正在紧锣密鼓地进行着。胚胎的细胞组织将分化成两层细胞（看起来就像个双层汉堡）。这些细胞承载着来自父母的基因信息，构造着胎儿发育的雏形——就好像建房前打的地基。

准妈妈的变化

变化	准妈妈的变化	保健建议
看得见的外在变化	外观上并没有明显的变化	月经规律的准妈妈，若是过了日期还没来月经，很有可能就是怀孕了
	基础体温通常会升高0.3℃~0.5℃	若是连续两周以上基础体温都比平时高，则有可能是怀孕了
看不见的体内变化	身体开始分泌出一种黄体激素	这种激素能使子宫肌肉变得柔软，方便胚胎着床和防止流产，并且会给身体和下丘脑发出信号不需要再次排卵了，以阻止月经再次来潮
	敏感的准妈妈会感到疲倦，没有力气，昏昏欲睡	这些症状可能会让你以为自己感冒了，其实不然。所以，在不太确定自己是怀孕还是真的感冒了的时候，不要擅自服用、使用药物，以免对宝宝产生不利影响
微妙的情绪变化	准妈妈们都特别关注怀孕之后的禁忌问题，变得这也不敢吃、那也不敢做	其实怀孕是一件非常自然的事，过于紧张会增加准妈妈的心理压力，反而对孕期不利

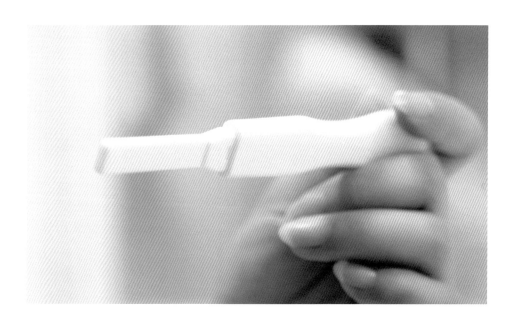

重点营养素——叶酸

何时开始补叶酸

孕期缺乏叶酸，容易导致胎宝宝神经管畸形，并增加其他器官的畸形率。为了确保安全，建议你从孕前开始补充叶酸。叶酸补充要经过4周的时间，体内叶酸缺乏的状态才能得到切实的改善，并起到预防胎宝宝发育畸形的作用。但一般情况下，当获知自己怀孕时，就已经到孕期第4周了，这时就会错过补充叶酸的良好时机。所以，建议你从孕前3个月（最迟孕前1个月）开始补充叶酸，最早至孕早期结束。

准妈妈每天需要补充多少叶酸

世界卫生组织推荐孕妈每日摄入叶酸400微克，即 0.4毫克。

目前市场上得到国家卫生部门批准的、预防胎儿神经管畸形的叶酸增补剂"斯利安"片，每片0.4毫克。孕前到孕早期期间，建议你坚持每天补充0.4毫克叶酸。进入孕中期、孕晚期之后，可以每天补充0.4~0.8毫克叶酸。

注意，叶酸摄入不宜过量。过量摄入叶酸（每天超过1毫克），可影响体内锌的吸收，反而会影响胎宝宝发育。

补充叶酸的3条法则

1.最好在医生的指导下选择、服用叶酸补充制剂。

2.孕前长期服用避孕药、抗惊厥药的准妈妈，曾经生下过神经管缺陷宝宝的准妈妈，孕前应在医生指导下，适当调整每日的叶酸补充量。

3.长期服用叶酸会干扰体内的锌代谢，锌一旦摄入不足，就会影响胎宝宝的发育。因此，在补充叶酸的同时，要注意补锌。

哪种叶酸增补剂适合准妈妈

首先，要明确所选的叶酸增补剂是专为孕妇设计的，而不是针对其他人群的（如有一种专门针对贫血患者的叶酸片，其叶酸含量大大超过准妈妈的需求，对母婴都不利）。一般针对孕妇的叶酸增补剂每片仅含400～800微克叶酸。

其次，不要迷信进口药品。并非进口的或者昂贵的就是最好的，一些纯进口的营养补充品是专为国外准妈妈设计的，可能并不适合国内的准妈妈。

实在拿不准主意的话，可以咨询一下妇产科的大夫，然后遵医嘱服用。

避免交叉进补摄入过量叶酸

不少准妈妈会选择几种营养品食用，如复合维生素、孕妇奶粉、叶酸增补剂等，这时就要仔细阅读营养品的说明书，看看它们的叶酸以及其他营养素的含量，避免同时服用而引起叶酸摄入过量。比如，准妈妈每日所饮用的孕妇奶粉已经能够提供400～800微克的叶酸，那就不用再额外服用叶酸增补剂了，以免造成营养素摄入过量。

孕早期没有补叶酸怎么办

补充叶酸只是一种预防机制，是假定女性普遍缺乏叶酸的前提下的建议。所以，如果你体内并不缺乏叶酸，即使孕前、孕期没有补充叶酸，也不用担心叶酸不足引起胎宝宝发育畸形。

食补叶酸的注意事项

叶酸是一种水溶性的B族维生素，遇光、遇热就不稳定，容易失去活性，所以，虽然含叶酸的食物很多，但人体真正能从食物中获得的叶酸并不多。要想从食物中摄入所需叶酸，就必须减少食物的储藏和烹调时间。

1.买回来的新鲜蔬菜不宜久放。制作时应先洗后切，现时炒制，一次吃完。炒菜时应急火快炒，3～5分钟即可。煮菜时应水开后再放菜，可以防止维生素的丢失。做馅时挤出的菜水含有丰富营养，不宜丢弃，可做汤。

2.淘米时间不宜过长，不宜用力搓洗，不宜用热水淘米；米饭以焖饭、蒸饭为宜，不宜做捞饭，否则会使营养成分大量流失。

3.熬粥时不宜加碱。

4.做肉菜时，最好把肉切成碎末、细丝或小薄片，急火快炒。大块肉、鱼应放入冷水中用小火炖煮熟透。

富含叶酸的食物

食物	叶酸含量	食用建议
黄豆	每百克约含叶酸260毫克	黄豆在消化吸收过程中会产生过多的气体造成胀肚，因此每次食用的量不宜多，50克左右即可； 消化功能不良、有慢性消化道疾病的准妈妈尽量少食
菠菜	每百克约含叶酸110毫克	菠菜中含有草酸，会影响钙质吸收。若与富含钙质的食物搭配，应先将菠菜焯水，去掉草酸； 可搭配猪肝做汤或做菜，有助于防止贫血
芦笋	每百克约含叶酸128毫克	新鲜芦笋的鲜度很快就会降低，使组织变硬且失去大量营养素，应该趁鲜食用，不宜久藏； 芦笋不宜生吃； 痛风病患者和有糖尿病的准妈妈不宜食用
茼蒿	每百克约含叶酸190毫克	茼蒿中的芳香精油遇热容易挥发，应该旺火快炒，不要长时间烹煮； 茼蒿辛香滑利，有腹泻症状的准妈妈不宜多食
西蓝花	每百克约含叶酸210毫克	红斑狼疮患者不宜食用西蓝花； 西蓝花切好之后不能久放，以免营养素流失
香菇	每百克约含叶酸240毫克	脾胃寒湿气滞和患顽固性皮肤瘙痒症的准妈妈不宜食用
猪肝	每百克约含叶酸336毫克	高血压、冠心病、肥胖的准妈妈应少食； 养殖原因会导致猪肝中含有微量毒素，在烹饪前可用清水浸泡去毒素，不宜过量食用
葵花子	每百克约含叶酸280毫克	尽量用手剥壳，或使用剥壳器，以免经常用牙齿嗑瓜子而损伤牙釉质； 不要过量食用，每天一小把即可

本月重点：培育优质受精卵

备孕期不宜多吃的食物

少吃！ **葵花子**

其蛋白质部分含有抑制睾丸成分，影响正常生育功能。

少吃！ **芹菜**

有抑制精子生成的作用，常吃可致精子数量减少。

少吃！ **大豆**

有仿激素化学物质，降低精子钻入卵子的能力。

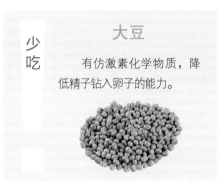

少吃！ **胡萝卜**

会引起闭经，抑制卵巢的正常排卵功能。

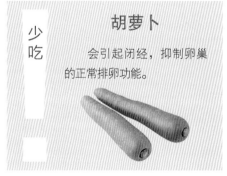

少吃！ **甜食**

会大量消耗钙，影响胎儿牙齿、骨骼发育。

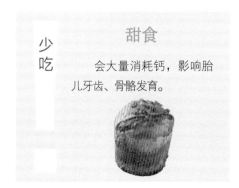

少吃！ **木瓜**

含有木瓜蛋白酶，可与孕酮相互作用，起到避孕效果。

腊肉

少吃

过咸，有致癌作用，多吃对身体不利。

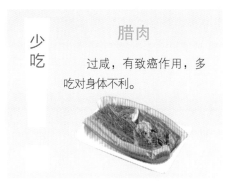

香肠

少吃

过多食用影响宝宝大脑发育。

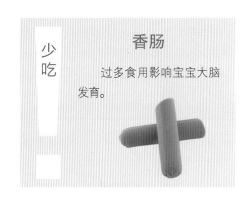

烧烤

少吃

过多食用容易上火，且容易感染寄生虫。

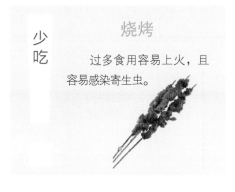

涮锅

少吃

容易感染寄生虫。

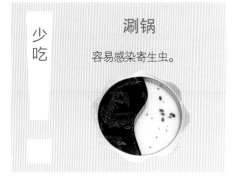

咖啡

少吃

对受孕有直接影响，会降低受孕概率。

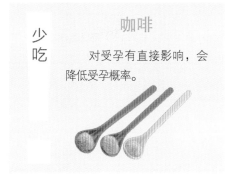

啤酒

少吃

会减弱精子与卵子结合的概率。

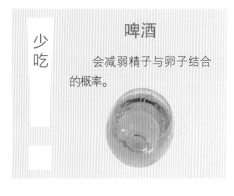

大蒜

少吃

有明显的杀精作用。

辣椒

少吃

刺激性较大，多食可引起便秘。

备孕时要重视经期饮食

月经周期不规律的女性往往不太容易找准排卵期，给成功受孕带来一定的困难。月经周期特别紊乱的女性，建议找口碑良好的中医进行药物调理。同时，在经期应注意以下饮食习惯。

1.经期尽量不要吃生冷食物，因为一则有碍消化，二则易损伤人体阳气，容易导致经血运行不畅，造成经血过少，甚至出现痛经、闭经等。

2.经期尽量不要吃刺激性强的辛辣食物，因为辛辣食物容易刺激血管扩张，引起月经提前和月经量过多。

3.经期尽量不要吃不易消化的食物，因为经期易出现大便干结不通，以致引起盆腔和下半身充血，不易消化的食物容易加重肠胃负担，加重便秘。经期应吃易消化、润肠通便的食物，保持大便通畅。

吃什么可以提高卵子质量

生活不规律、喝酒、抽烟、性生活不卫生、人工流产等都会导致卵子质量的下降。要提升卵子的质量，就必须改变不良的生活习惯。此外，还可以适当吃一些对卵子有益的食物。补益卵子的食物有：

黑豆：补充雌激素，调节内分泌。经期结束后连吃6天，每天吃50颗左右，或者直接饮用黄豆浆、黑豆浆。

枸杞子、红枣：促进卵泡的发育。可以直接用枸杞子、红枣泡茶或者煮汤。每天的食用量是枸杞子10粒，红枣3~5个。

少吃肥甘厚味的食物

建议准妈妈少吃肥甘厚味的食物，这类食物里的盐、糖、花椒、油脂等调味料都添加得比较多，烹调过程比较长，并且食物较难消化，营养价值也下降了，吃多了还易使准妈妈体内热气较盛，影响健康。

怎么吃能增强准妈妈的免疫力

免疫力是指机体抵抗外来侵袭，维护体内环境稳定性的能力。我们每个人都具有免疫力，区别只是免疫力的高低，比如有的人动不动就感冒、腹泻，或者特别容易疲劳，这些都是免疫力低下的表现。

免疫力的高低跟遗传、饮食、习惯、环境有很大关系。只要准妈妈的日常饮食能保证摄入均衡营养，并坚持运动，保证睡眠，免疫力自然就提高了。单从饮食营养方面来说，最重要的就是保持合理的饮食结构，摄入均衡的营养，让每一种营养都各司其职，并协同作用，保持免疫细胞的活力。

一份合理的饮食结构，应该包括每天摄取主食约300克，牛奶2杯（400~500毫升），蛋、鱼、肉、豆类约200克，新鲜蔬菜约400克，水果200克左右，油脂约20克。

培育高质量精子的营养建议

现代社会环境污染严重、工作压力大，准爸爸的健康或多或少都会受到影响，进而影响精子质量。为了提高精子质量，建议准爸爸除了注意锻炼身体外，再适当吃一些对精子有益的食物（参考下表）。

富含锌的食物	贝类（以牡蛎为最）、肝脏、蛋黄、牛奶、花生等	锌是精子代谢必须的物质，并能增强精子活力
富含精氨酸的食物	海参、鳝鱼、泥鳅、山药、葵花子、榛子、花生、芝麻、豆制品等	精氨酸是构成精子的主要成分，适当补充可以提高精子活力
富含钙的食物	乳制品、豆类、海带、芝麻酱等	钙可以提高精子活力

芹菜、碳酸饮料、咖啡会杀精吗

目前证明对精子有明显伤害的是烟和酒，这是准爸爸在备孕期一定要戒除的。普通食物如果要达到所谓的"杀精"效果，必须长期大量食用，偶尔食用并没有什么影响。

准妈妈不宜吃生肉，以免感染弓形虫

孕3～8周时，小胚胎的主要器官和系统都正处于关键萌芽时期，这时最容易受到致畸因子干扰而发生畸形，故这段时期也被称为致畸敏感期。在这个阶段准妈妈尤其要注意自己的衣食住行，尽量不要接触任何容易导致胎儿畸形的外部因素。

生肉可能被弓形虫感染，而孕早期感染弓形虫会导致胎儿脑积水、小头畸形、脑钙化、流产、死胎等，在出生后则有可能发生抽搐、脑瘫、视听障碍、智力障碍等。肉类加热熟透后就不会感染弓形虫。

准妈妈的饮食要注意生熟分开

要避免感染弓形虫，准妈妈在日常饮食中就需注意以下几个要点。

1.要将切生肉与切菜的案板、菜刀分开。烹调肉类的时间、火候要足够，让肉食熟透。

2.吃火锅时要用专用的筷子夹取肉食，并涮烫足够的时间，让肉食熟透。

3.准妈妈如果接触了生肉，要记得及时洗手。

4.存放的时候，把生肉和熟食、蔬菜、瓜果分开。

对胎宝宝来说有毒的食物

种类	食物	食用警示
深海鱼类	包括金枪鱼、鲨鱼、马鲛鱼、剑鱼、方头鱼、鳕鱼等	这些深海鱼体内含有大量的汞，常吃会严重影响胎儿的脑部神经发育，导致畸形或智力发育迟缓。建议每月食用应不超过1次
方便食品	如方便面、火腿等	方便食品经过设备加工，可能含有一定量的铅，而罐头等包装本身含有铅，很容易进入胎盘影响宝宝大脑发育
添加明矾的食品	油条	炸制油条通常添加明矾，常吃油条，明矾超标会导致胎儿发育畸形

吃出营养力

准妈妈营养金字塔

营养其实是一个整体工程，最讲究的就是合理搭配。营养摄入不足，当然需要补充，但某些营养素摄入过量，会导致另一些营养素被排挤，而有些营养素即使摄入充足，若没有另一些营养素的帮忙，也无法充分吸收利用，所以饮食需要均衡，营养才能达到最大化的吸收效果。

为了保持全面、均衡的营养摄入，建议准妈妈每天除了水之外，最好摄取30～35种食品，这其中还包括烹调中使用的配料、调料，如葱、姜、蒜、花椒、大料等。具体的食物分配，可以参考如下的饮食金字塔。

第一层	谷类、薯类及杂粮：每日250～400克
第二层	蔬菜类和水果类：蔬菜类每日300～500克，水果类每日200～400克
第三层	畜禽肉类、鱼虾类、蛋类：鱼、肉、蛋共400克，其中肉约在100～150克即可
第四层	奶类、奶制品、大豆类、坚果类奶类及奶制品每日可吃300克，大豆类和坚果类每日可吃30～50克
第五层	油、盐：食用油一天的摄入量应控制在25～30克，食盐的摄入量应控制在6克以内

查查你是否缺营养

是否缺乏营养，都会从某些身体特征中表现出来。如果你在一段时间内发现自己出现以下症状，那就可能是你的身体发出缺乏营养的信号了。

☐ 味觉减退，可能缺乏锌

☐ 牙龈出血，可能缺乏维生素C

☐ 舌炎、舌裂、舌水肿，可能缺乏B族维生素

☐ 嘴角干裂，可能缺乏核黄素（维生素B_2）和烟酸（维生素B_3）

☐ 夜晚视力降低，可能缺乏维生素A

☐ 经常便秘，可能缺乏膳食纤维

☐ 小腿经常抽筋，可能缺乏钙

☐ 下蹲后起来会头晕，可能缺乏铁（缺铁性贫血）

☐ 头发干枯、变细、易断、脱发，可能缺乏锌、蛋白质、脂肪酸

注意，以上检测标准只是粗略的判断，如果你出现了这些情况，最好还是先去医院做进一步诊断，不要擅自服用某些营养素，以免摄入不当，影响健康。

营养补充要缺啥补啥

其实，身体健康的准妈妈，一般并不需要大补，只要保证合理均衡的饮食，遵医嘱服用营养素制剂即可。如果身体不好，打算补充营养制剂，可以去医院进行一个营养状况的检测，明确身体缺乏什么，再有针对性地补充。

如果需要服用制剂补充，补多少、怎么补、有没有禁忌或副作用要向医生咨询，并且告诉医生自己打算怀孕，请医生考虑对怀孕最有利的补充方式。最好不要几种营养素制剂一起服用，因为几种营养制剂可能会都含有某一种营养素，同时服用会导致某种营养素超标。

测一测你有没有营养过剩

现在生活水平提高了，饮食越来越精细，在日常的饮食结构中，碳水化合物、蛋白质、脂肪的占比增多，相对营养过剩，而其他维生素、矿物质的摄入却不足。营养过剩的最大表现就是肥胖。孕期营养过剩，容易导致胎儿发育为巨大儿，并使准妈妈本人肥胖，并易引起妊娠高血压、妊娠糖尿病等病症，还容易诱发或加重胰腺炎。

准妈妈可以通过体重指数（BMI）衡量出目前是否属于肥胖人群。计算方法如下：

$$BMI=体重（千克）÷身高（米）的平方$$

例如：你的体重是60千克，身高是1.6米，你的体重指数就是$60÷1.6^2≈23.43$

BMI小于18.5，说明体重过轻；

BMI为18.5～24，说明体重正常；

BMI大于24，说明体重超重。

不必刻意服用维生素E

维生素E有促进性激素分泌的作用，也被称为生育酚。适当补充维生素E有助于提高准爸爸的精子活力和精子数量。一般情况下，只要保持合理的饮食结构，多吃蔬菜水果，就能满足身体的维生素需求了，不用特意补充。

如果在备孕期间适当服用一些维生素E，也是可以的，但一定注意不要过量（每天多于1200毫克），因为维生素E属于脂溶性维生素，排泄较慢，过量摄入会引起累积性中毒。

准妈妈每天要喝多少水

怀孕后，身体的代谢速度变快了，而且比较容易出汗，所以孕期比平时的需水量要大一些。一般每天摄入1600~2000毫升水即可满足身体需要，这其中也包含了从汤水、果汁等中摄入的水分。如果准妈妈喜欢喝汤，水就可以少喝一点儿。

建议早晨起床后喝1杯温开水，可以补充睡眠中流失的水分，还能降低血液浓度，并使血管扩张以促进血液循环。日间活动或工作过程中，最好是将水杯放在眼前，想起来就喝一点儿，每次喝几口即可。晚饭后2小时喝点儿水，睡觉前就不要再喝了，以免夜间上厕所影响睡眠。

水要慢慢喝，不要一次喝很多，喝水也要有规律，不要长时间不喝，如果等到口渴了才喝，说明细胞缺水已经比较严重了。

这些水不健康

没烧开的自来水	自来水没烧开时会产生一种叫"三羟基"的致癌物，不宜喝
久沸或反复煮沸的水	在这样的水中，亚硝酸银、亚硝酸根离子以及砷等有害物质的浓度很高，对你和胎儿的健康不利
在热水瓶中储存超过24小时的开水	其中会产生大量对身体有害的亚硝酸盐，不宜喝
保温杯沏的茶水	长期喝这种茶水会引起消化系统和神经系统紊乱

哪些饮料在孕期要少喝、不喝

出于对胎儿健康发育的考虑，建议准妈妈孕期少喝浓茶、碳酸饮料、咖啡。

浓茶中的单宁酸会与铁结合，降低铁的正常吸收率，易造成缺铁性贫血。碳酸饮料、咖啡等含咖啡因的饮料会通过胎盘影响胎宝宝心跳及呼吸。

据美国出生缺陷基金会的资料表明，孕期摄入大量咖啡因可能会稍稍增加早产或婴儿出生体重过低的概率。因而容易流产、早产的准妈妈最好还是不要饮用

富含咖啡因的浓茶、咖啡了。

对于习惯饮用茶、咖啡的准妈妈来说，一定要控制好饮用的量。只要摄入的咖啡因每天不超过300毫克，是不会对胎儿有害的。

高龄怀孕怎么吃

医学上鉴定，35岁以上的初产产妇为高龄产妇。由于女性35岁以后机体机能处于下滑趋势，胎儿畸形的发生率增加；高龄产妇并发症的风险增加。

为了保证胎宝宝健康发育、顺利出生，高龄准妈妈必须更加注意孕期保健、产检。在饮食上，高龄准妈妈需注意以下几点：

1.注意补铁补钙。女性在30岁之后，钙流失和铁需求更加明显，高龄准妈妈尤其要注意补钙补铁，为胎宝宝提供充足的钙、铁储备。

2.高龄准妈妈相对而言更容易出现先兆性流产。日常饮食中应多吃新鲜蔬菜，多喝水。一旦发生先兆流产的症状，就要注意不吃容易诱发流产的食物：木瓜、山楂、马齿苋、芦荟、甲鱼、螃蟹等。

3.高龄准妈妈是妊娠高血压、妊娠糖尿病的高发人群，日常饮食应少吃容易导致血糖快速升高、诱发高血压的食物，如高糖、高脂肪、含盐量高的食物等。

吃素的准妈妈该如何搭配营养餐

一般情况下，建议怀孕后不要保持全素饮食，因为素食会大大减少准妈妈的食物选择范围，并且容易缺乏蛋白质、维生素B$_{12}$、维生素B$_2$、维生素D、钙、铁等营养。

果蔬应清洗干净

食用水果、蔬菜时，能削皮的尽量削皮，不能削皮的用清水浸泡半小时，再用流动水冲洗五六遍，这样做可以最大限度地减少残留在水果、蔬菜表面的农药和寄生虫。

全素的准妈妈可以在日常饮食中增加海产品、豆制品、各类坚果、人造动物蛋白等强化补充易缺乏的营养。素食准妈妈只要注意在素食的范围内，尽量丰富食物的种类，一般都能满足营养的需要。倘若出现营养缺乏，也可在医生指导下服用一些针对性的营养制剂。

烟酒对胎儿有什么不良影响

香烟里的有害物质会通过吸烟者的血液循环进入生殖系统，可以使精子发生异变。准爸爸若长期饮酒，宝宝出生以后的智力会比普通孩子低。因此，建议准爸爸（包括准妈妈）要戒除烟酒。

戒烟之后，建议多吃清肺利咽、清热解毒、保护气管的食物，如胡萝卜、荸荠、大白菜、枇杷等。戒酒之后，建议多吃富含B族维生素的食物，如燕麦、全麦面包、花生等，帮助修复酒精损害的胃黏膜，并抑制喝酒的欲望。

均衡营养的一日配餐

不同的营养素往往存在于不同种类的食物中，如肉类食物多含蛋白质、脂肪、铜、铁、锌等营养物质，而蔬菜水果主要含糖、维生素、膳食纤维，不吃哪一类食物，就会造成相应营养素的缺乏。

早餐	午餐	晚餐
玉米面窝头1个（100克）		韭菜鸡蛋煎饼1块（150克）
煮鸡蛋1个（70克）	大米饭1碗（150克）	清蒸鱼1块（100克）
牛奶1杯（250毫升）	香菇鸡片1碟（200克）	虾皮紫菜汤1碗（100毫升）
新鲜蔬菜丝1碟（50克）	芝麻拌菠菜1碟（100克）	素炒白菜心1碟（100克）

食疗调养好孕色

增强卵子质量

黑豆豆浆

原料：黑豆100克。

调料：白糖适量。

做法：

1.将黑豆清洗干净，倒入黑豆量2～3倍的温水浸泡7～8小时。

2.将泡好的黑豆倒入豆浆机中，加适量水，打成豆浆。

3.加入白糖调味即可。

功效：黑豆可补充雌激素，调节内分泌。经期结束后连吃6天，每天吃50颗左右，或者直接饮用黑豆浆，十分有益。

红枣莲子粥

原料：红枣10颗，莲子15克，糯米100克。

调料：红糖适量。

做法：

1.将红枣洗净，去核；莲子洗净，用清水浸泡半小时；糯米淘洗干净，用清水稍浸。

2.将红枣、莲子、糯米一同放入锅中，加入适量清水，煮至浓稠时，加红糖即可。

功效：可养心安神、健脾和胃，缓解失眠症状。

提高精子活力

鲜牡蛎汤

原料：鲜牡蛎肉100克，干紫菜10克。

调料：清汤500毫升，盐2克，料酒1小匙，胡椒粉、葱、姜各少许。

做法：

1.将鲜牡蛎肉洗净，切成小片；干紫菜洗净，葱切葱花，姜切细丝备用。

2.将所有的材料放入大碗中，加入清汤，加入1小匙料酒，放入蒸锅蒸30分钟。

3.加入盐、胡椒粉调味，即可食用。

功效：牡蛎能补充锌和B族维生素，有助于提高精子活力。

奶香南瓜羹

原料：小南瓜1个，牛奶250毫升。

调料：淡奶油20克，糖适量。

做法：

1.小南瓜洗净，去皮去瓤，切片。

2.将南瓜片上锅蒸10～15分钟至变软，取出，压成泥。

3.将南瓜泥倒入锅中，小火加热，加入牛奶和淡奶油，不断用勺搅动避免粘锅，加热到烫，加糖调味。

功效：常吃南瓜能帮助准爸爸提高精子活力，补充元气。

口蘑烧茄子

原料：嫩长茄子（紫皮）300克，口蘑50克，毛豆50克。

调料：盐2克，生抽1克，植物油、清汤、水淀粉各适量，大蒜2瓣。

做法：

1.将长茄子洗净，削去皮，切成拇指肚大小的丁。毛豆用开水煮熟，去掉豆荚。口蘑、大蒜均洗净切片备用。

2.锅内加油烧热，放入蒜片、茄丁，中火炒至茄子变软。

3.加入口蘑片、毛豆，注入清汤，调入盐、生抽，用小火烧透，用水淀粉勾芡后即可。

功效：口蘑中含有多种抗病毒成分，可以帮助准爸爸提高精子的质量以及自身的免疫力。

通过食物摄入叶酸

鸡丝金针菇
芦笋汤

原料：芦笋300克，鸡胸肉150克，金针菇25克，鸡蛋2个。

调料：高汤、盐、水淀粉各适量。

做法：

1.鸡胸肉切成丝，用盐、水淀粉拌腌20分钟；芦笋沥干，切成小段；金针菇去根洗净沥干。

2.锅内放水烧开，放入鸡胸肉汆烫3分钟，捞出沥干。

3.另起一锅，倒入高汤，放入鸡胸肉丝、芦笋、金针菇，大火烧沸后，加入盐，再滚时即可起锅。

功效：芦笋可以帮助准妈妈增进食欲，缓解疲劳，利尿通便。

五香
猪肝粥

原料：五香猪肝50克，红糯米100克。

调料：盐、酱油、味精、香油各少许。

做法：

1.把猪肝洗净切成碎末，放入少许盐、酱油、味精拌匀腌渍。

2.把红糯米淘洗干净，放入锅中，加适量清水，大火煮沸后改小火煮成黏粥。

3.粥快熟时，放入猪肝末煮熟，最后滴点儿香油搅匀煮开即可。

功效：猪肝中含有丰富叶酸、铁和锌，十分适合孕期食用。

原料：豆腐200克，水发香菇200克，彩椒丝少许。

调料：酱油、水淀粉各1大匙，盐1小匙，料酒、白糖、胡椒粉各适量。

做法：

1.将豆腐切成长方条；水发香菇洗净后去蒂。

2.锅中放油烧热，一块挨一块地放入豆腐，用小火煎至双面金黄色。

3.烹入少量料酒，倒入香菇翻炒几下，再加入白糖、酱油、胡椒粉、料酒和少许清水，大火收汁。

4.用水淀粉勾芡炒匀，撒上彩椒丝即可。

功效：香菇含丰富叶酸，鸡肉中含丰富的优质蛋白质，可促进胎宝宝生长发育，并提高母体免疫力，有助于预防流感。

应对电磁辐射

原料：西红柿150克，豆腐200克，青豆50克，高汤适量。

调料：植物油、盐、白糖、水淀粉各适量，胡椒粉少许。

做法：

1.豆腐切成片，入沸水锅中焯一下，捞出沥水待用；西红柿洗净，用开水烫后去皮，剁成茸；青豆洗净。

2.锅中倒入适量的油，下入西红柿茸煸炒，加盐、白糖翻炒几下，盛出待用。

3.另起锅放油，下入青豆、豆腐片、高汤、盐、白糖、胡椒粉，烧沸入味，用水淀粉勾芡，下西红柿茸推匀，出锅即成。

功效：西红柿中的番茄红素可以消除侵入人体的自由基，在肌肤表层形成一道天然屏障，有效阻止外界紫外线、辐射对肌肤的伤害。

原料：水发海带400克，白豆腐100克，姜片、葱丝适量。

调料：盐适量。

做法：

1.海带洗净后打结备用；豆腐切成3厘米见方的块。

2.锅内加油烧至五成热，放入姜片、葱丝爆香；加入豆腐块，放盐，约1分钟煎至豆腐微黄。

3.放入海带结，炒大约1分钟，加水漫过主料1厘米，继续大火烧约8分钟，剩少许汤即可。

功效：海带的提取物海带多糖因能抑制免疫细胞凋亡而具有抗辐射作用。

原料：绿豆100克，鸡蛋1个。

调料：冰糖适量。

做法：

1.将绿豆洗净后用清水浸泡1~2小时，再将绿豆连同浸泡绿豆的水一同倒入锅中，加入适量冰糖，大火煮至绿豆开花，熟烂。

2.鸡蛋磕入碗中，搅打成液，等绿豆煮好后倒入鸡蛋液，搅匀即可。

功效：绿豆含有帮助排泄体内毒物，加速新陈代谢的物质，能有效抵抗各种污染，包括电磁污染。

孕2月

早孕反应期怎么吃

孕5～8周的胎儿和准妈妈

这周，小胚胎将从"双层汉堡"发育成"三层汉堡"，胚胎的细胞将分化成外胚层、内胚层和中胚层三个胚层。外胚层会发育成神经系统、皮肤和毛发等，内胚层会发育成内脏，中胚层会发育成肌肉骨骼系统、循环系统和内分泌系统。胎儿进入了组织和器官形成的重要时期。在本孕周结束之前，胎儿刚发育的小心脏就已经开始跳动，血液也开始循环。

胎儿的神经管开始形成（准妈妈坚持补充叶酸就是为了预防神经管畸形），建议准妈妈继续坚持补充叶酸。

在怀孕4～5周时，胚胎的神经、心脏、血管系统最敏感，最容易受到损伤，许多致畸因素在此期非常活跃，多数的先天畸形都发生在这一时期，因此准妈妈在此时要格外注意，不要接触X光和其他射线，不要做剧烈运动，并避免感冒、受凉，避免吃药，多吃营养健康食物。

这一周，小胚胎大约会长到6毫米（大小有如一粒苹果籽）。最大的变化是小胚胎的脊椎雏形形成了，四肢的雏形在顺利萌芽，头部也开始出现几个浅窝——它们以后将会形成眼睛和耳朵。从外观上看，小胚胎就像一只弓着背的小海马，可爱极了。

胎儿的神经系统和循环系统在这个时期最先开始分化，主要器官的雏形开始出现并生长，如气管、食道、胃、嘴巴、肝、肾、膀胱、甲状腺、泌尿器官。最令人惊讶的是，此时胎儿的大部分器官已经依照它们自己的方式开始发挥作用了。

此期仍然是致畸敏感期，准妈妈应注意避免接触任何导致胎儿发育畸形的因素。

为了保护胎宝宝的安全，现在开始要定下产检和分娩的医院，然后就可以开始定期做产检了。准妈妈不要再去远途旅行或者进行剧烈的活动了，因为劳累和过量运动都有可能导致流产的发生。

第7周的胎宝宝

知道吗，你腹中的小胎儿正在以每分钟复制100万个以上细胞的惊人速度不断成长着！到了这周，小胚胎的身长大约有1厘米了（大小有如一粒黄豆）。在本周，小胚胎的神经管将发育出大脑，大脑神经细胞发育飞速，平均每分钟有10000个神经细胞产生，准妈妈坚持补充叶酸的成效将完美呈现。

心脏已经建立完成了。胃和食管的建设也在紧张进行。眼睑和舌头正在形成。此前已经成形的各个器官，也随着胎儿的长大不断拉长增大。手臂和腿也渐渐长成了小芽状。

由于胚胎在子宫里迅速地成长，准妈妈开始变得慵懒起来，白天也会感到昏昏欲睡，不想多说话，不愿做家务。这是孕育造成的正常现象，准妈妈可以听从身体的意愿，有时间就静静地休息一下。

第8周的胎宝宝

此时，小胚胎的身长已经有1.25厘米了，并且以平均每天1毫米的速度继续长大，这个增长速度会一直持续到孕20周。

心脏已经发育得非常复杂，心跳速度达到了140～150次/分钟（是成年人的2倍左右）。脑干已经可以辨认出来了（脑干是一个非常重要的部位，人体所有的大血管和神经都必须通过它才能与躯体连接起来）。内脏的大部器官在持续发育，并且大多初具规模。眼睛部分除了眼睑，还形成了虹膜、角膜、视网膜等。小胳臂、小腿长得更长了，手指和脚趾甚至出现了若隐若现的萌芽。腿和胳膊的骨头开始硬化，关节也开始形成。

此时是孕吐最严重的一段时期，饮食中要适当增加食盐的摄取量，以防孕吐造成低钠现象。要吃一些容易消化的高热量食物，补充身体所需能量，并注意随时为身体补充水分，以免因呕吐造成脱水。孕吐一般到孕3月会逐渐减轻并消失。

27

准妈妈的变化

变化	准妈妈的变化	保健建议
看得见的外在变化	出现恶心、呕吐症状	准妈妈无须太担心，只要没有出现脱水或进食过少的情况都不会伤害到胎宝宝。一般到16~20周，恶心、呕吐症状就会自动消失
	平时闻惯、喜欢的气味现在一闻到就觉得恶心	由于体内的激素水平发生变化，末梢神经的感觉被放大，准妈妈的嗅觉通常会变得很灵敏，建议不要使用太多气味过重的洗涤剂或香水
	口味发生了天翻地覆的变化	孕期口味变化通常过2~4周就会自动消失。在这期间，准妈妈想吃什么就尽量吃。如果根本不想吃东西，应去医院咨询医生
	乳晕颜色变深，乳晕变大，乳房皮下的静脉变得很明显，乳头明显突出	这是雌激素导致的结果，主要是为日后分泌乳汁做准备
看不见的体内变化	准妈妈经常感到胃部不适，出现"烧心"感	体内的激素水平发生变化，胃和食道连接处的贲门括约肌变松弛，致使胃里的酸性物质很容易反流，引起了胃灼热
	下腹部出现隐隐的抽痛感，有时会感到瞬间剧痛	准妈妈的子宫已经在逐渐增大，子宫扩张时，准妈妈会感到下腹部出现隐隐的抽痛感，有时会感到瞬间剧痛
微妙的情绪变化	情绪变得起伏不定，一点儿小事都会让准妈妈烦躁起来	这是激素水平急剧变化的缘故，是怀孕引起的自然反应。不能对坏心情听之任之，要积极调整，尽量保持情绪平和、愉悦

重点营养素——B族维生素

维生素B₁：参与胎儿能量代谢

维生素B₁也称硫胺素，在人体内与磷酸基团化合，形成一种人体内重要的辅酶TPP，TPP 参与人体内糖代谢的两个主要的反应。由于所有细胞在活动中的能量都来自糖类的氧化，因此，维生素B₁是人体内物质代谢与能量代谢的关键物质。

维生素B₁对神经系统的生理活动有调节作用，特别与食欲维持、胃肠道的正常蠕动及消化液的分泌有关，缺乏维生素B₁，容易引起多发性神经炎和脚气病。轻者食欲差、乏力、膝反射消失，严重者可有抽筋、昏迷、心力衰竭。孕期如果缺乏维生素B₁，可影响胎儿的能量代谢，严重的可使宝宝发生先天性脚气病。

维生素B₁的需要量与肌体热能总摄入量成正比。孕期热量需求增加500千卡，因此，维生素B₁的供给量也增加为1.5毫克/天，可耐受最高摄入量为每日50毫克。

富含维生素B₁的食物

维生素B₁含量丰富的食物有谷物类、豆类、干果、酵母、硬壳果类，尤其在谷类的表皮部分含量更高，故谷类加工时碾磨精度不宜过高。动物内脏、蛋类及绿叶菜中含量也较高，芹菜叶、莴笋叶含量较丰富，应当充分利用。

维生素B₁含量最高食物排行榜

食物名称（每100克）	维生素B₁含量（毫克）
榛子	0.62
豌豆	0.49
大豆	0.41
小米	0.33
腰果	0.27
红小豆	0.16
甲鱼	0.07
鸡肉	0.05
猴头菇	0.01

维生素B$_2$：缺乏会导致胎儿发育迟缓

维生素B$_2$又称核黄素，是机体中许多酶系统的重要辅基的组成成分。维生素B$_2$参与体内三大产能营养素（蛋白质、脂肪、碳水化合物）的代谢过程，并能将食物的添加物转化为无害物质。

肌体缺乏维生素B$_2$容易出现能量和物质代谢的紊乱，还可以引起或促发孕早期妊娠呕吐，孕中期口角炎、舌炎、唇炎以及早产儿发生率增加。维生素B$_2$缺乏还容易导致胎宝宝营养供应不足，生长发育迟缓。孕后期缺乏维生素B$_2$，可导致新生儿在发热数天以后发生舌炎和口角炎。

由于参与人体热能代谢，孕期维生素B$_2$的供给量相应增加为1.7毫克/天。医学上可以通过测定细胞中维生素B$_2$含量来评定维生素B$_2$营养水平：含量小于140微克/升为缺乏，大于200微克/升为良好。

富含维生素B$_2$的食物

动物性食物中维生素B$_2$含量较高，尤以肝脏、心、肾脏中丰富，奶、奶酪、蛋黄、鱼类罐头等食品中含量也不少；植物性食物除绿色蔬菜和豆芽等豆类外一般含量都不高。

谷类也是维生素B$_2$的主要来源，但是由于谷类的加工对维生素B$_2$存留有显著影响，例如精白米中维生素B$_2$的存留率只有11%，小麦标准粉中维生素B$_2$的存留率也只有35%，并且烹调过程也会使谷类损失一部分维生素B$_2$，因此谷类的加工不宜过精。

维生素B$_2$含量最高食物排行榜

食物名称（每100克）	维生素B$_2$含量（毫克）
猪肝	2.08
黄鳝丝	2.08
口蘑（干）	1.9
冬菇（干）	1.4
紫菜（干）	1.02
奶酪（干酪）	0.91
鸭蛋黄	0.62
桑葚（干）	0.61
扁豆	0.45
木耳（干）	0.44

维生素B$_6$：不宜胡乱服用

维生素B$_6$又称吡哆素，是一种水溶性维生素。维生素B$_6$为人体内某些辅酶的组成成分，参与多种代谢反应，尤其是和氨基酸代谢有密切关系。

妊娠期间孕妇需较多的维生素B$_6$供给自身调节生理机能和分泌激素。有人认为，孕早期食欲不振、恶心与缺少维生素B$_6$有关；临床上则应用维生素B$_6$制剂防治妊娠呕吐。维生素B$_6$还可协助维持身体内钠钾平衡，减轻水肿，帮助脑和免疫系统发挥正常的生理机能。维生素B$_6$参与胎宝宝神经组织的发育，缺乏会影响胎宝宝神经组织的发育。

孕期维生素B$_6$的需求量为每日2.2毫克（孕前为1.6毫克）。长期过量服用维生素B$_6$可致严重的周围神经炎，出现神经感觉异常、步态不稳、手足麻木，若每天服用200毫克持续30天以上，曾报道可产生维生素B$_6$依赖综合征。因此，服用维生素B$_6$前需咨询医生意见，并在医生指导下服用。

富含维生素B$_6$的食物

富含维生素B$_6$的食物有：啤酒酵母、小麦麸、麦芽、动物肝脏与肾脏、大豆、甜瓜、甘蓝菜、糙米、蛋、燕麦、花生、胡桃。

一般而言，人与动物肠道中的微生物（细菌）可合成维生素B$_6$，但其量甚微，还是要从食物中补充。其需要量其实与蛋白质摄食量多寡很有关系，若经常吃大鱼大肉者，应记住要补充维生素B$_6$，以免因维生素B$_6$缺乏而导致慢性病的发生。

维生素B$_6$含量最高食物排行榜

食物名称（每100克）	维生素B$_6$含量（毫克）
开心果	1.22
葵花子	1.18
猪肝	0.89
黄豆	0.59
三文鱼	0.52
核桃	0.49
花生	0.46
绿豆	0.41
牛肉	0.38
香蕉	0.38

维生素B$_{12}$：防止恶性贫血

维生素B$_{12}$又叫钴胺素，是一种水溶性维生素。植物不能制造维生素B$_{12}$，它是唯一需要一种特殊胃肠道分泌物，才被机体吸收的维生素。

准妈妈如果缺乏维生素B$_{12}$，可发生营养性大细胞贫血，胎宝宝如果缺乏维生素B$_{12}$，出生后容易患贫血。维生素B$_{12}$参与脂肪和糖的代谢，防止皮脂的过剩分泌，缺乏会导致皮肤变得苍白，毛发也变得稀黄，手、足部位色素沉着加重。维生素B$_{12}$可防止神经损伤，防止神经脱髓鞘，避免发生抑郁。

一般孕期维生素B$_{12}$需要量会有所增加，为2.4微克。通常情况下，从肉类或动物性食物较丰富的膳食中摄取的维生素B$_{12}$的量足以满足人体正常生理的需要。

富含维生素B$_{12}$的食物

维生素B$_{12}$在自然界中都是由微生物合成的，所以只有动物性食物中才含有，富含维生素B$_{12}$的动物性食物有肝、肾、肉类、鱼、水产贝类动物、禽蛋和乳类等。

维生素B$_{12}$含量最高食物排行榜

食物名称（每100克）	维生素B$_{12}$含量（微克）
猪肝	52.8
蛤	28.4
鲤鱼	10
草鱼	8
三文鱼	7.6
鲫鱼	5.5
鳜鱼	2.8
奶酪	2.8
黄鱼	2.5
鲇鱼	2.3

本月重点：缓解早孕反应

孕吐期先满足食欲，再考虑营养

孕吐会让准妈妈感觉孕期很难熬。准妈妈对某些气味会变得特别敏感，并会对某些食物特别厌恶，一旦闻到这些气味，就会发生恶心、呕吐的症状，有时候甚至想起这些食物就会感觉到恶心、难受。在这种情况下，吃好一日三餐就成了每天的大事。

在孕吐厉害的时候，建议准妈妈不要强迫自己吃不喜欢、厌恶的食物，而应首先考虑吃饱的问题，吃你想吃、喜欢吃的食物，然后再考虑营养均衡的问题。在孕吐期间，让自己吃得舒适，应该摆在第一位。除非你想吃的食物实在不健康，不能为身体提供有用的营养。如果进食过于单一，可以考虑在胃稍微舒服一些的时候再来补充其他类型的食物，以保持总体的营养均衡。

孕吐期间应吃容易消化的食物

孕吐期间，准妈妈的肠胃比较脆弱，建议吃一些汤或粥等流质食物、鲜果饮品、酸奶以及低脂高碳水化合物的食物，这些食物吃下去后通常比较容易消化，同时也很容易转化成热量。尽量避免吃难以消化的高脂肪食物或者油炸食物，如奶油、冰激凌、薯条等。

同时，建议吃一些营养高的食物，鱼、坚果、豆腐、花生酱等都是不错的选择。如果不喜欢花生酱，可以吃味道较淡的杏仁酱或腰果酱（大型超市一般都有卖）。把酱薄薄地涂在饼干、面包、苹果片或者其他食物上，营养充满且晚消化。

生活中减少孕吐的窍门

疲劳、剧烈运动、嘈杂的环境等都会加剧孕吐。准妈妈一定要注意休息，运动要适量，环境也要安静。可以缓慢地散步，减轻恶心的感觉。室内保持空气清新，温度也要适宜。气温过高会加重恶心、呕吐。心情的变化也起着很大的作用，压力会加剧孕吐情况。让自己保持心境平和，不要太紧张、焦虑。

少量多餐可以缓解孕吐

比较好的进食方式是一天吃5~6次，特别是你的胃似乎无法接受任何食物时，就更应该考虑这样的进食方式。不断吃一些食物，不但能让你的胃舒服一些，同时也能维持血糖的平稳，因为低血糖很容易引发恶心，尤其是在刚起床或者几小时没有吃东西时。

怎样缓解晨吐症状

虽然孕吐是体内激素变化引起的，但也可以说很大程度上是饥饿诱发的，这就要求准妈妈要吃些东西来抑制孕吐。

建议准妈妈早晨起床时吃点儿东西，对缓解晨吐很有效。准妈妈临睡前可以在床头柜上放一些吃的东西，比如1杯水、2块馒头片、几块饼干、1个水果等，起床前吃一些，可比较有效地抑制恶心，缓解晨吐。如果晨吐严重影响到进食，则需要及时就医。

避免因呕吐引起脱水

脱水是引发恶心的重要原因，因此，一定不要感觉到口干才喝水，因为这时已经处于缺水状态了。此外，空胃对唾液非常敏感，因此，空腹的时候不要咽唾液，在吃容易刺激唾液分泌的食物之前，可以先喝些牛奶或者水，滋润一下胃，这样不会因唾液的增加而引发恶心。

注意，恶心时吃流质、半流质食物会加重症状，所以准妈妈感觉恶心想吐时不要吃稀饭和汤菜这类食物，尤其是早晨起床时。孕吐期间可以吃一些干食，如烤馒头片、坚果、鸡蛋、酥脆爽口的烤面包干等，减少恶心感。等恶心、呕吐感减轻、消失了，可以吃带汤水的食物来补充水分。

止吐食物和易引发孕吐的食物

有助于缓解孕吐的食物	可能加重孕吐的食物
主食类：谷类、麦片、年糕等 蔬菜类：土豆、西红柿、西葫芦、胡萝卜、芹菜、泡菜等 水果类：柠檬、梨、香蕉、西瓜、鳄梨（牛油果）、苹果等 其他：姜、薄荷、甘草、咸味瓜子、酸奶、苏打饼干等	油炸、油腻、高脂肪、辛辣食品；香肠、煎蛋、洋葱、卷心菜、菜花、咖啡、可乐等

不过，不同的准妈妈对食物的喜恶不一样，准妈妈可以根据自身的实际情况列一个喜欢和厌恶的食物清单，交给家里人，让自己既能吃到喜欢的食物，又能保证营养均衡。

孕吐特别严重怎么办

大多数准妈妈的孕吐症状都不会严重影响身体健康或导致营养缺乏，只要通过生活习惯的调整就能得到缓解，不需要服用药物（尤其不要擅自服用药物，以免对妊娠不利）。只有少数孕吐严重，导致无法进食、身体脱水的准妈妈，才需要寻求医生的帮助。一般情况下，如果准妈妈呕吐特别严重（妊娠剧吐），超过24小时无法进食或喝水，应立刻去看医生，在医生指导下进行治疗。医生一般会采用静脉输液的方式给准妈妈补充水分，准妈妈也会很快恢复健康的。

孕吐会持续多久

大部分准妈妈的孕吐症状会在孕3月开始逐渐减轻。但不要太寄希望于这3个月结束后，就完全不会孕吐。在怀孕3个月之后，部分准妈妈还是会有程度不一的恶心呕吐症状。不过症状会越来越轻。

孕吐几天后就消失了，正常吗

孕吐程度的强弱以及时间长短因人而异，有的准妈妈只是在某一天清晨起来感觉恶心，次日就没有了，或者只有较轻的恶心，但都生出了健康的宝宝。所以，不能以孕吐时间长短来判断胎儿发育是否正常。如果比较担心，建议做尿液HCG测试，如果转为阴性或者弱阳性，就要去医院进一步做B超检查。

吃出营养力

孕早期不用特别增加热量摄入

在怀孕最初的三个月，胎儿需求的营养并没有想象得那么多，倘若准妈妈在备孕期并不缺乏营养，怀孕前后的活动量变化不大，那备孕期直至怀孕后的头三个月内并不需要刻意增加热量摄入。只需要坚持补充叶酸，并保证每日饮食结构合理即可。到了孕中晚期，随着胎儿营养需求的增多，才需要适当增加热量摄入。

摄入B族维生素的窍门

由于B族维生素都是水溶性的，很容易流失，建议在食物的清洗、制作过程多加注意，减少B族维生素的流失。

1.蔬菜清洗时不要切碎，更不要切碎后浸泡在水中，那会让水溶性维生素大量流失。

2.缩减蔬菜的烹调时间，不要等蔬菜都煮烂了再熄火，断生即可食用。

3.淘米次数不要太多，以免其中的B族维生素大量流失。建议适当吃些糙米、杂粮，其中的B族维生素保存得更好。一般加工越精细的食物，其中的B族维生素含量越少。

4.吃面要喝汤，因为大约有50%的维生素B_1会流失到面汤中。

5.少吃糖，因为糖的代谢过程需要维生素和微量元素的参与。如果糖摄入过量，糖代谢就会需要消耗更多的维生素（特别是维生素B_1）和微量元素。

为准妈妈挑选健康的酸味食物

有些准妈妈怀孕之后特别爱吃酸味食物，尤其是早孕反应期间，吃点儿酸的还有助于开胃，增加食欲，只要是对身体健康无害，适当吃一些没有问题。

食物	食用建议
酸奶	喝酸奶的最佳时间是饭后半小时，在补充营养的同时，可以起到促进消化、保护肠道健康，并增强免疫力的作用；酸奶最好不要空腹喝，如果是空腹喝酸奶，可以搭配一碟自己爱吃的零食
青苹果	市面上出售的苹果，为了好看，常常打蜡抛光，因此不宜连皮食用
橘子	吃橘子前后1小时不要喝牛奶，牛奶中的蛋白质遇到果酸会凝固，影响消化吸收。橘子与胡萝卜一起食用，会破坏柑橘中丰富的维生素C
草莓	草莓中含有较多草酸钙，不宜吃得过多，以防止孕期尿路结石。脾胃虚弱、肺寒腹泻的准妈妈不宜食用草莓
酸枣	具有很大的药用价值，可以起到养肝、宁心、安神、敛汗的作用。医学上常用它来治疗神经衰弱、心烦失眠、多梦、盗汗、易惊等。同时，又能达到一定的滋补强壮效果
葡萄	葡萄含糖量较高，糖尿病患者不宜多吃；便秘者不宜多吃；脾胃虚寒者不宜多食。吃完葡萄不宜马上喝水，会引起腹胀
樱桃	樱桃除了含有多种维生素、矿物质外，还含有丰富的铁质，适合准妈妈食用，可以预防缺铁性贫血
杨梅	杨梅没有外皮，为直接食用生果，准妈妈最好在洗干净后，用盐水泡过再吃 杨梅比较酸，一次不能吃太多，否则牙齿容易酸软 杨梅对胃黏膜有一定的刺激作用，故溃疡病患者要慎食
石榴	孕早期适量吃石榴可以有效地改善食欲不振的症状，减轻孕吐，增强食欲 石榴汁里含有丰富的多酚化合物，具有抗衰老和保护神经系统、稳定情绪的作用，对胎宝宝大脑发育和准妈妈的情绪稳定都有良好作用

不适合准妈妈的酸味食物

山楂	山楂具有活血化瘀的作用，容易刺激子宫收缩，导致流产或早产。因此，不论是山楂鲜果还是山楂制品（果丹皮、山楂片），你最好少吃
酸菜	经过腌渍之后的蔬菜，不但没有营养，还会产生很多对身体有害的化学物质。而且为了提味，酸菜中往往加入大量的盐、味精等调味品，这些东西对你和胎儿有害无益
酸辣粉	多见于街边的小吃摊，环境糟糕，卫生不过关，尤其是原材料和调料里，含有多种致癌物

怀孕后饮食习惯可能发生变化

不少准妈妈会发现，怀孕后口味发生了变化，以前不喜欢吃的现在喜欢了，以前从来不碰的食物现在却特别想吃；也有可能口味开始变重，总觉得菜没滋味。这很正常，与准妈妈体内激素分泌变化有关。从医学的角度来看，形形色色的孕期胃口或味道喜好改变，是为了提供给胎儿最合理的营养，让胎儿能良好成长。等宝宝出生之后，你可能又会恢复到孕前的饮食喜好了。

一般来说，从受孕后的第1周（孕3周）后期开始，准妈妈体内的激素分泌就会产生变化，等到怀孕7～8周的时候，激素分泌的变化就会逐渐引起准妈妈嗅觉、味觉的变化，或轻或重，因人而异。在这些变化中，味觉的变化最明显。

除了口腹之欲，鼻子可能变得格外灵敏，让准妈妈对食物的味道、气味的喜好发生改变。灵敏的嗅觉可以让准妈妈自觉抵触有害物质，如烟或过期的食物，对身体来说反而是一种自我保护的措施。

特别想吃某种食物怎么办

在怀孕期间爱吃某种食物，可能是一种能真实反映出身体需求的自然智慧，就是说，准妈妈想吃的，很可能就是你身体需要的。不过这并不绝对，因为往往有不少准妈妈怀孕之后特别想吃冰激凌等没有什么营养的食物，这种情况往往情绪因素大于身体因素，建议还是稍微克制一下。如果想吃的都是健康食品，比如半夜突然一定要吃到某个餐厅的外卖，你就吃吧，也许是身体的需求而不仅仅是解馋。

一般来说，除非这些食物实在是太不健康，一般都可以把你想吃的食物当作是身体的需要，开怀大吃你在怀孕期间爱吃的食物。如果对某种食物的渴望已经超过你所能控制的程度，就仔细想想自己吃了多少，吃的次数有多少，咨询下医生看会不会影响到胎儿。

合理的三餐胜过营养素补充剂

没有任何营养品、保健品能比好好吃饭对身体更好。因为，我们的身体到底需要多少种营养，每种营养素到底需要多少量，科学家、营养学家也很难给出准确值。只有饭菜才能把那些我们不知道的、知道的营养素全部提供给身体。

另外，营养品、保健品一般都是经过提纯的，消化吸收比较容易，如果不好好吃饭，而长期靠营养品、保健品来补充营养，时间长了，消化功能会变弱。所以，孕妈妈如果要吃营养品或者保健品，要注意不能过量补，否则不如不补。

感冒后不要急于吃药

怀孕初期的征兆有些像感冒症状，如体温升高、头痛、精神疲乏、脸色发黄等，有时候还会感觉特别怕冷，这很容易让没有怀孕经验的准妈妈当成感冒治疗，如果吃药、打针，对脆弱的胎儿伤害比较大。

在这里提醒准妈妈，在开始备孕之后，应该时刻提醒自己有可能怀孕。必须用药时，应咨询医生的意见。

不小心吃了药怎么办

如果你在还不知道怀孕的情况下服用了某种药物，也不用过分担心。因为只是偶尔服用一两次，剂量也不是很大的话，一般不会对胎宝宝产生明显的影响。但是，如果你的用药时间较长，用药量也比较大的话，则应该找医生根据自己的妊娠时间、年龄及胎次等问题综合考虑是否需要终止妊娠。

抵抗感冒初期症状的小妙方

轻微的感冒并不会对胎儿产生负面影响，不必担心。但如果因为感冒引起高烧不退、久咳不愈则应该及时就医治疗，否则会影响胎儿健康发育。

对于程度较轻的感冒（只有轻微的咳嗽、流涕或打喷嚏），建议准妈妈多喝水，注意休息和保暖，感冒一般会自愈。还可以通过一些小方法来缓解感冒症状。

萝卜白菜汤：白菜心250克，白萝卜60克，加水煮好后放红糖10～20克。

姜蒜茶：生姜、大蒜各15克，洗净切片，加1碗水，煮成半碗，加红糖10～20克，趁热饮用，然后盖好被子，睡上一觉。

姜汁鸡蛋：把1个鸡蛋打匀，加入少量白糖和生姜汁，用开水冲服，2～3次即可止咳。

盐水漱口：准妈妈感觉喉咙痛痒时，可以用盐水漱口和咽喉，每隔10分钟1次，可有效缓解痛痒症状。

热水蒸：鼻子不通气时，可以在保温杯内倒入42℃左右的热水，将口、鼻部贴近杯口内，不断吸入热蒸气，效果不错。

均衡营养的一日配餐

早餐	全麦面包1个（100克） 煮鸡蛋1个（70克） 牛奶1杯（250毫升） 新鲜蔬菜丝1碟（50克）
加餐	早餐后或午餐前1~2小时：橘子1个
午餐	大米饭1碗（150克） 里脊肉炒芦笋1碟（200克） 糖醋胡萝卜1碟（100克）
加餐	午餐后或晚餐前1~2小时：榛子5个（50克）
晚餐	大米饭1碗（150克） 韭菜豆芽1碟（100克） 素炒白菜心1碟（100克） 萝卜汤1碗（100毫升）
加餐	晚餐后1小时：全麦面包1片（25克） 临睡前1小时：牛奶1杯（100毫升）

食疗调养好孕色

缓解孕早期疲劳

山药排骨汤

原料：排骨500克，山药250克。

调料：葱段、姜片各适量，盐、料酒各适量。

做法：

1.排骨洗净，剁成块，放入沸水中氽约5分钟，洗净，沥干水分。山药洗净，去皮，切滚刀块，上锅蒸2分钟。

2.沙锅中放入排骨块、葱段、姜片、料酒和适量清水，中火烧开，转小火炖1小时。

3.拣出葱段，加入山药块，转中火煮沸，再转小火炖半小时，加盐调味，继续炖至排骨和山药酥烂即可。

功效：山药有补脾养胃、补身益肺的作用，尤适合精神不振、脾虚湿重者食用。

栗子粥

原料：糯米或大米100克，栗子10个。

调料：糖桂花或白糖适量。

做法：

栗子洗净，放入开水锅中煮熟，然后捞出去皮，再用搅拌机打磨成粉状。糯米或大米淘洗干净，放入锅中，加入适量清水，大火煮开后转小火煮约30分钟，加入栗子粉，继续煮约20分钟至米烂粥稠，最后撒上糖桂花或白糖调味即可。

功效：钾能抗疲劳，栗子钾的含量高，是香蕉的3倍多。所以，准妈妈食用栗子粥能有效缓解孕期疲劳。

开胃营养餐

西红柿鱼丸瘦肉汤

原料：鱼丸250克，西红柿2个，瘦肉100克，脊骨100克。

调料：姜1块，香菜少许，盐适量，味精少许。

做法：

1.将西红柿洗净，切瓣；脊骨、瘦肉洗净，脊骨斩块，瘦肉切块；香菜切末。

2.将脊骨、瘦肉入沸水锅中汆烫去血渍，再用水洗净后取出。

3.将西红柿、鱼丸、脊骨、瘦肉、姜一同放入锅中，加入适量清水，用小火煲2小时后加入盐、味精，撒上香菜末即可食用。

功效：这道菜材料丰富，营养较均衡，加上百搭的西红柿，口感好，更开胃。

蒜香柠檬虾

原料：大虾15只，蒜4瓣，柠檬1个。

调料：料酒1大匙，盐3克，黑胡椒粉1小匙。

做法：

1. 大虾去虾线，剪去须、脚，洗净，沥干水后放入干净容器中，用料酒、盐腌渍10分钟备用。

2. 蒜去衣，切厚片；柠檬洗净，切下1/4个，用来挤汁。

3. 锅内加少许油烧热，放蒜片爆香，加入腌渍好的大虾拌炒至虾略变色，撒上黑胡椒粉，翻炒至虾变红，将柠檬挤汁淋在大虾上即可。

功效：柠檬可起到去腥增味的作用，酸酸的口感会让准妈妈更有食欲。

缓解孕吐

胡萝卜
香橙汁

原料：橙子2个，胡萝卜2根。

做法：

1.将橙子去皮；胡萝卜去皮，洗净，切成小块。

2.将橙子和胡萝卜一起放入榨汁机中榨成汁即可。

功效：这道蔬果汁能够提高身体能量，并有和胃止吐的功效，适合孕早期呕吐、恶心的准妈妈常喝。

糖醋鱼卷

原料：鳜鱼1条，鸡蛋清10克。

调料：葱丝、姜丝各少许，醋、白糖、香油各10克，酱油、番茄酱、淀粉各5克，盐、味精各适量。

做法：

1.鱼剖洗干净，片成薄片，加盐、味精、蛋液腌入味，卷入姜丝、葱丝，蘸上干淀粉。

2.锅中倒入适量油，烧至七成热，投入鱼卷，炸成浅黄色，捞出沥油，摆在盘内。

3.另起锅，倒入醋、白糖、香油、酱油、番茄酱烧开，用水淀粉勾芡，调成糖醋汁，浇在鱼片上即可。

功效：酸甜的糖醋口味十分开胃，可以帮助孕早期的准妈妈提振食欲。

缓解抑郁情绪

香蕉
玉米羹

原料：玉米面100克，香蕉1/2根，熟蛋黄1/2个，胡萝卜半根。

调料：蜂蜜或盐少许。

做法：

1.先将胡萝卜洗净，去皮，切成小块，放入榨汁机中，加少许凉开水榨成汁。

2.把熟蛋黄用勺子捣碎，香蕉也捣烂成糊状。

3.用凉开水将玉米面调成稀糊倒入奶锅中上火煮，边煮边搅拌，火不要太大，以免煳锅。

4.玉米羹煮熟时加入捣碎的蛋黄和糊状的香蕉，再倒入适量胡萝卜汁搅拌均匀，小火煮片刻。

功效：香蕉内含的蛋白质中带有氨基酸，具有安抚神经的效果，可缓解抑郁和情绪不安，在睡前吃点儿香蕉，可起镇静作用，玉米面有很好的益肺宁心、健脾开胃的保健效果。

红薯
糙米粥

原料：红薯1个，牛奶1杯，糙米100克。

调料：蜂蜜适量。

做法：

1.将红薯清洗干净，削去皮，切成小块。

2.将糙米淘洗干净，用冷水浸泡半小时，沥水。

3.将红薯块和糙米一同放入锅中，加入适量冷水，大火煮开，转小火，慢慢熬至粥稠米软。

4.根据自己的口味偏好，酌量加入牛奶，再煮沸即可。

功效：红薯、糙米中丰富的糖类和B族维生素，可以维护神经系统的稳定，增加能量的代谢，有助于对抗压力。所以说，它们是抗抑郁的好食物。

孕3月

胎儿大脑发育进入高峰期

孕9～12周的胎儿和准妈妈

恭喜恭喜，从本周开始，小胚胎正式退出历史舞台，升级为"胎宝宝"了。拖在胎宝宝小屁屁后的那条小尾巴不知何时悄悄不见了。虽然头还是很大，背部也稍微弯曲，但胎宝宝终于有点人样儿了。

快速生长的小胎儿已经长到2.5厘米长了，大小看起来就像一粒小橄榄。如果准妈妈现在去医院做产检，已经可以通过B超看到小胚胎的活动了。小胎儿现在是个名副其实的大头宝宝，头部差不多占到了身长的1/4。面部的五官越来越全，小眼睛、小耳朵、小鼻子的轮廓日渐明显。小手指和小脚趾也长长了。

在本周之前，宝宝的胸腔和腹腔都是相通的，到了本周，才会发育出膈肌，像成人一样把胸腔和腹腔分开，腹腔的容积逐渐增大，之前一直待在腹腔外的肠道将逐渐被收纳进来。

到本周，小胎儿已经长到3.8厘米左右了，从一粒小橄榄长成了一粒大橄榄，体重也增加到了大约15克。最重要的是，从外形上看，小胎儿已经"人模人样"了，虽然头部还是占了身体的1/2，但已经不是之前蜷缩起来的C形胚胎，而可以真正称为胎儿了。

胎儿的面部已经比较清晰，眼睛、鼻子、嘴巴已经找到了自己的正确位置；手、脚、手指、脚趾都已经完全成形，几个主要的关节，如肩膀、肘、腕、膝盖、脚踝的外形已经清晰可辨，甚至指甲和趾甲都开始生长。从一个受精卵到现在的小人儿，胎儿完成了人类进化的一次飞跃。

到目前为止，胎儿90%的器官已经建立，并且很多已经开始工作，并在工作中不断完善自己。器官中的"大哥"——心脏已经发育完全，并以每分钟140次的有力搏动声提醒大家各司其职。另外，胎儿的齿根、声带、上牙床和上腭开始形成，20个味蕾出现。

第11周的胎宝宝

腹中的小宝宝已经彻底脱离了胚胎期，进入胎儿期了。从本周起，胎儿的所有器官都已经成形，你们的小宝宝已经成功度过了致畸敏感期，抵抗外界干扰的能力大大增强，发育畸形的概率逐渐下降。

胎儿的增长速度在加快，骨骼逐渐变硬，脊神经开始生长。体表开始长出细小的绒毛。眼睛的虹膜开始发育，不过，眼睛此时还没有睁开。

胎儿此时的能力也在增长，可以把自己的手放到嘴里吮吸，会吞咽羊水、打哈欠，另外，手脚也会经常活动一下，两脚还会做交替向前走的动作，进行原始行走。只是现在的这些动作还很轻微，准妈妈还感觉不到。

到本周，大部分的准妈妈早孕反应都在逐渐减轻，疲劳、嗜睡、烧心的症状也会逐渐好转，进入孕4月之后，准妈妈的精力会大大恢复。

第12周的胎宝宝

胎儿现在仍然很小，甚至还不如成人手掌大，但是从牙胚到指甲，他已发育俱全，身体的雏形已经构造完成。尤其是胎儿的面部，五官的位置比以前更接近成人了，整体看上去，就像一个微雕的小宝宝，漂亮极了。

这部小小的"人体机器"正在欢快地运转着。脾脏已经开始造血，肝脏也开始分泌胆汁。胎儿还有了完整的甲状腺和胰腺，不过它们还不具备完整的功能。这两个腺体的形成对胎儿来说意义非凡，甲状腺可分泌甲状腺素，甲状腺素是维持人体代谢的基础物质，而胰腺分泌胰液和胰岛素，帮助消化，并调节全身生理机能，都是非常重要的。

胎儿现在还有了触感，所以，准妈妈或者准爸爸在爱抚还没怎么显怀的肚子时，住在里边的小宝宝却有可能感受到了。不过，准妈妈目前还感觉不到胎动。

准妈妈的变化

变化	准妈妈的变化	保健建议
看得见的外在变化	早孕反应逐渐减轻。孕吐也不那么严重了，食欲逐渐变好	这是因为准妈妈体内激素分泌逐步稳定下降而趋于缓和
	阴道分泌物比平时增多了	正常情况下，阴道分泌物的增加量并不多，通常为无色、橙色、淡黄色、浅褐色。若分泌物增加太多，且有异味，应及时就医
	乳房开始增大，乳晕和乳头色素沉着更明显，接近黑色	建议穿宽松的内衣，胸罩的尺寸也要随着乳房的增加及时更换
	口腔会容易出问题，如出现牙龈出血、牙齿松动、龋齿等	这是由于体内大量雌激素分泌造成的。建议准妈妈注意口腔卫生，饭后应及时漱口、刷牙。出现牙齿问题应及时就医
看不见的体内变化	感觉到下腹部有胀满的感觉。突然变换姿势时，准妈妈常会感到盆腔部位有莫名的刺痛	这是因为子宫扩张到了某种程度，附近的支持韧带被拉长了，突然改变身体姿势有可能拉扯到这些韧带。改变身体姿势时速度放慢、力道放轻，刺痛感就会减弱许多
	出现尿频、尿急、尿不尽症状	这是准妈妈子宫增大，压迫它前方的膀胱造成的
	出现腹胀现象	可能是由于准妈妈体内黄体素使肠胃蠕动变慢造成的。为减轻不适，准妈妈应少吃产气食物，如豆类、红薯等，牛奶应少喝
	出现便秘或毫无原因的腹泻	这是增大的子宫压迫直肠和准妈妈情绪不稳定的双重作用的结果
微妙的情绪变化	怀孕第3个月时，自己会有强烈的独处念头	这可能是准妈妈开始正视怀孕的事实，责任感油然而生，心态也随之转变的缘故

重点营养素——DHA、碘

胎宝宝大脑进入快速发育期

胎儿大脑发育有两个高峰期，第一个高峰期是孕3~6个月，此期胎儿的脑细胞迅速增殖，这时脑细胞的体积和神经纤维的增长，使脑的重量不断增加。第二个高峰期是孕7~9个月，主要是神经细胞的增殖与神经细胞树突分支的增加。据估计，此时的小胎儿每分钟能生成约10万个神经细胞。

促进胎儿大脑发育的DHA

DHA与人脑和视网膜的神经细胞的增长及成熟有直接关系，可以提高大脑和视网膜的生理功能，也因此被称为"脑黄金"。

孕期补充DHA，能够优化胎宝宝大脑锥体细胞磷脂的构成成分，刺激大脑皮层感觉中枢的神经元增长更多的突触，促进胎宝宝的大脑发育。另外，DHA还有利于提高胎宝宝视网膜光感细胞的成熟度，促进视力发育，使宝宝的眼睛更明亮。

富含DHA的食物

鱼类	DHA含量高的鱼类有鲔鱼、鲣鱼、鲑鱼、鲭鱼、沙丁鱼、竹荚鱼、旗鱼、金枪鱼、黄花鱼、秋刀鱼、鳝鱼、带鱼、花鲫鱼等，每100克鱼肉中的DHA含量可达1000毫克以上。就某一种鱼而言，DHA含量高的部分又首推眼窝脂肪，其次则是鱼油
干果类	如核桃、杏仁、花生、芝麻等。其中所含的α-亚麻酸可在人体内转化成DHA
藻类	海带、裙带菜、紫菜等所含有的DHA比较丰富
孕妇奶粉和营养补充剂	市面上出售的孕妇奶粉、鱼油和海藻胶囊等都含有DHA和EPA，且配比更科学，服用更方便，在购买时要选择适用于孕妇的营养制剂

孕妇奶粉一般都含DHA

孕妇奶粉一般均含有DHA及孕期所需的各类营养素，准妈妈可以选择一种来饮用。准妈妈可以每天喝1杯（约250毫升）孕妇奶粉，以使各类营养素的储备达到理想水平。对需要长期在外就餐的职场中的准妈妈来说，每天一杯孕妇奶粉再合适不过了。

市场上的孕妇奶粉种类繁多，所含的营养素种类和含量也不尽相同。一般情况下，选择营养成分比较全面均衡的即可；如果你缺乏铁、钙等营养元素，可以选相应营养素含量比较多的奶粉；如果血脂偏高，则要选择低脂奶粉。

促进胎儿大脑发育的碘

碘是合成甲状腺激素的原料，而甲状腺激素又是人脑发育所必需的内分泌激素。补充足量的碘对于胎儿大脑发育有重要意义。孕期缺碘不仅会导致准妈妈自身甲状腺肿大、甲状腺机能减退，对胎儿发育也会产生严重影响。缺碘会导致甲状腺素缺乏，进而影响胎儿大脑的正常发育，并增加出生后呆傻、聋哑、身材矮小的概率。

建议孕期每日碘摄入量应不低于200微克。除了碘盐，一般每周吃1～2次海带等富含碘的海产品，就可以基本满足孕期碘的需要。严重缺碘地区的准妈妈，倘若怀疑自己缺碘，可去医院做尿碘检测，如若缺碘，应在医生指导下科学补碘。

不要擅自补碘

任何营养素的摄入都不是越多越好，碘也不例外。一般成年人每天摄入碘不超过1000微克，被认为在安全范围之内。过量摄入碘可引起甲状腺功能改变，或者加重甲状腺的负担，使其变硬，可以说，高碘的危害并不亚于缺碘。因此，建议准妈妈不要擅自通过服用药物补碘。事实上，碘能在体内留存很长时间，孕前如果营养均衡，即使孕早期发生孕吐，进食量少，也不用担心胎宝宝的营养问题。

富含碘的食物

中国生活在严重缺碘地区的人口达4.25亿，占全国人口总数的40%，大多数国人都处于轻微缺碘的状态，这也是国家推行食盐加碘的原因。但日常食用的碘盐一般每克含20微克的碘，只通过碘盐还无法满足准妈妈对碘的需求。建议准妈妈多吃一些富含碘的食物。

海带	每100克约含碘1000微克	脾胃虚寒的人要少食用 甲亢中碘过剩型的病人不宜食用
紫菜	每100克约含碘1800微克	胃肠消化功能不好的准妈妈应少食紫菜 建议与鱼肉、大米搭配熬粥，营养互补
菠菜	每100克约含碘164微克	菠菜中含有草酸，会影响钙质吸收。若与富含钙质的食物搭配，应先将菠菜焯水，去掉草酸
芹菜	每100克约含碘160微克	芹菜性凉质滑，脾胃虚寒，大便溏薄的准妈妈不宜多食 芹菜有降血压作用，血压偏低的准妈妈要少食用
海鱼	每100克约含碘80微克	不少深海鱼体内含有大量的汞，常吃会严重影响胎儿的脑部神经发育，导致畸形或智力发展迟缓。建议每月食用应不超过1次

保护好碘盐中的碘

碘盐中的碘容易挥发——含碘食盐在储存期间可损失20%～25%，加上烹调方法不当又会损失15%～50%。遇热、受潮、风吹和日晒等均可使碘盐挥发。正确保存和使用碘盐可以有效减少碘挥发。

保存：应将买回的碘盐放入有盖的深色瓶、罐内，不可开口存放。

做菜的时候碘盐越晚放越好。否则，长时间的高温会让盐里的碘更快挥发掉。一般建议等到菜熟了再放盐。

本月重点：促进胎儿大脑发育

建议鱼蒸着吃

鱼肉的脂肪中含有大量的DHA，准妈妈常吃鱼可以摄入对胎儿大脑有益的DHA。不过吃鱼也需要注意方法，这样才能摄入更丰富的营养。

蒸鱼：在加热过程中，鱼的脂肪会少量溶解入汤中。但蒸鱼时汤水较少，所以不饱和脂肪酸的损失较少，DHA和EPA含量会剩余90%以上。

豆腐是鱼肉的好搭档

豆腐富含优质蛋白、钙，不含胆固醇，是一种非常好的营养食物。但是，豆腐中的人体必需氨基酸硫氨酸含量不足，因此不能被人体完全利用。鱼肉正好可以弥补豆腐的这个缺憾。用鱼和豆腐搭档，不仅可以发挥二者的优势，而且可以起到营养素相互协同的作用。

1.鱼属于动物性食物，拥有含量较高的优质蛋白和很低的脂肪含量，豆腐是植物性食物，优质蛋白质含量高，二者搭配可提高蛋白质的吸收利用。

2.鱼中蛋氨酸的含量十分丰富，可以提高豆腐中蛋白质的质量，起到蛋白质互补的作用。

3.豆制品属于植物性食物，其中所含的铁吸收率很低，与动物性食物鱼搭配可极大地提高铁的吸收利用率。

4.豆腐含钙量比较高，而鱼肉中含有维生素D，两者搭配可以大大提高人体对钙的吸收率。

每天吃点儿坚果

坚果的各类营养素都很优质，像蛋白质、脂肪、维生素等，还含有多种不饱和脂肪酸，包括亚麻酸、亚油酸等人体的必需脂肪酸，可以清除自由基，调节血脂，提高视力，还能补脑益智，孕期吃坚果对增强准妈妈的记忆力和促进胎儿大脑发育都很有益。准妈妈可以备一些核桃、板栗、腰果等每天吃一点儿。准妈妈吃坚果需注意以下问题。

1.一般建议每天吃大约50克即可，因为坚果中的脂肪较多，准妈妈本身肠胃就弱，吃了容易消化不良，甚至出现"脂肪泻"，适得其反。

2.要少吃炒制和盐焗坚果，否则容易上火，尤其到孕中晚期，过多的钠盐摄入还会导致水肿和高血压。

3.某些坚果容易引起过敏，本身是过敏体质的准妈妈如果吃了某种坚果之后出现面部红斑、瘙痒、眼角充血、耳根部溢液等症状，说明对这种坚果过敏，以后应尽量少接触此种坚果及其制品。

准妈妈可以常吃哪些坚果

核桃	适当食用核桃可以补脑、健脑，增强机体抵抗力
花生	花生富含蛋白质，而且易被人体吸收。花生仁的红皮还有补血的功效
葵瓜子	葵花子所含的不饱和脂肪酸能促进胎儿大脑发育，并能降低胆固醇
松子	含丰富的维生素A和维生素E，以及人体必须的脂肪酸、油酸、亚油酸和亚麻酸，可增强准妈妈的免疫力，促进胎儿发育
榛子	含有不饱和脂肪酸，并富含磷、铁、钾等矿物质，以及维生素A、维生素B_1、维生素B_2、烟酸，经常吃可以明目、健脑
开心果	开心果富含不饱和脂肪酸以及蛋白质、微量元素和B族维生素

豆类、豆制品，健脑不可少

孕期适当吃些豆类和豆制品，对胎儿大脑发育很有益处。对于吃素的准妈妈来说，豆类食品更是不可或缺的盘中营养美餐。

1.豆类食物是天然食物中含蛋白质最高的——每100克大豆含40克蛋白质，豆类中的蛋白质容易被人体吸收。而蛋白质是胎儿大脑发育不可或缺的营养素，是构成胎儿大脑的基础物质。

2.豆类还含有较多的卵磷脂，是促进大脑神经系统发育及增强记忆的重要物质。

一般建议每天食用豆制品控制在50克左右。吃得过多不仅容易消化不良，还可能阻碍铁的吸收——过量摄入黄豆蛋白质可抑制正常铁吸收。

不过豆类不好消化，吃多了容易胀气，这对消化功能减弱的准妈妈来说是个负担。准妈妈可以改吃豆制品，豆制品相对来说容易消化些，但也并不是越多越好。

喝豆浆的几点注意事项

1.缺铁性贫血的准妈妈应少喝豆浆，因为豆浆中的丰富蛋白质会阻碍铁的吸收。

2.豆浆富含蛋白质，高蛋白饮食的人群应少喝。肠胃胀气、烧心的准妈妈也不宜多喝豆浆，以免加重胀气。

3.不要喝未煮熟的豆浆，未煮熟的豆浆中含有一些对人体有害的物质，如皂角素，饮用后会引起恶心、呕吐、消化不良等。煮熟之后就会去除这些有害物质，可以放心饮用。

4.豆浆容易变质，最好现做现喝，喝不完的豆浆可暂时冷藏，但不要存放在保温瓶中，否则会很快变质。

豆浆不宜搭配鸡蛋、红糖饮用。鸡蛋清会与豆浆里的胰蛋白酶结合，产生不易被人体吸收的物质；红糖里的有机酸和豆浆中的蛋白质结合后，会破坏营养成分。

吃出营养力

胃口好转了，能放开吃吗

孕3个月月末，早孕反应结束，加之胎宝宝发育迅速，许多准妈妈突然间胃口大好，这并没多大关系，想吃就吃，没必要压抑自己的食欲。当然，食物最好以清淡、易消化的为主。建议准妈妈平时随身带一些食物，饿的时候拿出来吃。

要注意的是，你不能一下子吃太多，少食多餐最佳，否则有损脾胃，还可能形成暴饮暴食的习惯，这不仅会影响准妈妈的健康，在孕晚期还容易导致胎宝宝过大，引发诸多并发症。

吃不下，瘦了怎么办

这一段时间以来，由于早孕反应的影响，不少准妈妈都处于食欲不振的状况，或者即使有强烈的饥饿感但仍然吃不下东西，导致体重降低了一些。只要准妈妈没有因为孕吐出现脱水、电解质不平衡或酮症酸中毒的现象，有轻微的体重减轻是正常的。

也有的准妈妈没有出现恶心、孕吐的反应，但肠胃的消化能力减弱了，可能还会伴有疲倦、睡眠质量下降、情绪起伏大、腹泻等其他早孕期反应，体重没有增加也是正常的。

孕期的热量消耗增加，而准妈妈热量摄入与孕前相同，这也可能是导致孕早期体重轻微下降的原因之一。

TIPS

一般而言，只要体重没有减轻太多（如果准妈妈出现1周内体重下降5千克的情况，则表示健康出现问题，应立即就医检查），都属于正常现象，不必忧心。进入孕中期后，准妈妈的身心逐渐适应了妊娠的各种变化，体重会重新增长回来。

饭后烧心、打嗝怎么办

在孕早期，激素分泌的变化会导致消化道蠕动速度变慢，整个消化系统的功能都弱化了。同时，激素还会造成胃入口的保护性肌肉松弛，也就是说胃中食物和胃酸少了入口的"管束"，胃一收缩，刚吃进去的食物可能就混着胃酸反流到了食道内，从而让准妈妈产生了烧心、打嗝等不适感觉。进入孕中期这种不适感会有所改善，但到了孕晚期，随着子宫增大，会挤压胃部，烧心的感觉还会加重。

要想缓解饭后烧心、打嗝的难受感觉，应从减轻胃部负担入手。现在胃的容纳不如以前，将一日三餐改成五六餐更合适。包中准备好小食品，饿了随时吃一点儿，别吃得太饱，造成反流。用餐的时候不要喝水，否则会让胃更胀满难受。

与胀气、便秘相同，烧心的准妈妈也要少吃不易消化的食物，如高脂肪食物、煎炸食物、糯米、粗粮等。辛辣食物会加重烧心症状，要少吃或最好不吃。

饮食喜好会影响到胎宝宝

准妈妈在孕期和哺乳期对不同食物的喜好度，会影响宝宝出生后对不同食物的接受程度。如果准妈妈有偏食的不良习惯，那么这种习惯将会潜移默化地传染给腹中的胎宝宝，他出生后也极容易出现偏食的情况。

偏食所带来的营养不良，会波及胎宝宝的发育。如准妈妈缺乏锌不仅会引起流产、死胎，而且会造成核酸及蛋白质合成的障碍，影响胚胎的生长发育，引起胎宝宝畸形；缺铁，既容易引起贫血，又会导致胎宝宝发育迟缓、体重不足、智力下降等危害。

不同的营养素往往存在于不同种类的食物中，如肉类食物多含蛋白质、脂肪、铜、铁、锌等营养物质，而蔬菜水果主要含糖、维生素、膳食纤维，不吃哪一类食物，就会造成相应营养素的缺乏。各种食物都吃一些，就会为准妈妈和胎宝宝补充均衡全面的营养。

准妈妈感觉饿了就吃点儿

有不少准妈妈孕早期感觉特别容易饿，有时候半夜醒来就想吃某种食物，或者看着别人吃东西就犯馋，但一到吃东西的时候却看什么都没有胃口，让家人苦恼不已。这种又饿又没食欲的症状属于早孕反应的表现。准妈妈这时候更需要家人的关怀。可以给准妈妈准备一些清淡可口的小点心，让她感觉饿就吃一点儿。

吃水果前一定要洗净或削皮

生吃水果最重要的是要做好清洗工作，去除水果表面的农药残留。一般建议先清洗干净水果的表皮，可以用清洗蔬果的洗洁精来清洗，然后用流动水冲洗一下，必要时可以放入清水中浸泡5～10分钟。

如需要削皮或者切水果，要用专用的水果刀。不宜用切菜刀削水果皮，因为菜刀常接触生肉、鱼等，会把寄生虫或寄生虫卵带到水果上。

吃零食要适时适量

吃零食是准妈妈补充能量和营养很好的途径，但也不是多多益善。如果没有节制地吃零食，尤其是水果和坚果等含糖或脂肪较多的食物，不但会影响你正常进餐，还容易使体重增长过快，导致肥胖，从而引发各种妊娠疾病。

1.每天吃水果最好不要超过500克，而且不要在饭前半小时和饭后1小时内食用。

2.坚果的进食量不宜过多，每天吃2～3次，每次1小把即可。

3.牛奶或酸奶，每天喝500毫升为宜，不要一次喝完。如果是袋装牛奶，早晨和晚上临睡前各喝1袋即可，如果是杯装酸奶，每天喝2～3杯。

几种难洗水果的清洗窍门

葡萄	将葡萄粒从藤上剪下（注意不要剪破皮），放入盆内，挤一些牙膏在手上，搓出小泡沫，然后轻柔地搓洗葡萄粒，洗净表皮脏污后加清水漂清，最后用流动水冲洗干净即可
打蜡的苹果	把苹果浸湿，在表皮放一点儿盐，轻轻搓洗掉表面的蜡，再用水冲干净即可
杨梅	先用清水冲洗一遍，再放入淡盐水中浸泡15分钟即可
桃子	先用水淋湿桃子，再用细盐轻轻搓洗表面，最后用流动水冲净，就能去掉绒毛了
草莓	先用流动水冲洗几遍，再用淡盐水或淘米水浸泡5分钟，最后用流动水冲洗一遍即可。注意，洗草莓时不要去蒂，以免在浸泡时农药及污染物渗入果实内

不能用水果代替蔬菜

虽然水果可以补充蔬菜摄入的不足，但还是不能代替蔬菜，两者有很多不同之处：

1.大部分水果所含的碳水化合物是葡萄糖、蔗糖和果糖之类的双糖和单糖，吃后容易使血糖浓度快速上升；而蔬菜所含的碳水化合物主要是淀粉类的多糖，不会引起血糖发生较大的波动。

2.水果所含的膳食纤维主要是果胶、纤维素和半纤维素；而蔬菜类所含的膳食纤维主要是纤维素、半纤维素和木质素，这些粗纤维能刺激肠蠕动，防止便秘。

妊娠期糖代谢异常或是患有妊娠糖尿病的准妈妈水果摄入量应减半，最好等血糖控制平稳后再吃水果。吃水果的时间最好选在两餐之间，这样既不会使血糖太高，又能防止低血糖的发生。

含糖量高的水果不宜多吃

按照中国营养学会给出的"中国居民平衡膳食宝塔"，每日建议的水果食用量为200～400克（糖代谢异常的准妈妈应遵医嘱进食），这个量足可以满足准妈妈的需求。如果进食过多，每日食用水果超过500克，对健康反而不利——水果中含有的葡萄糖、果糖被胃肠道消化吸收之后会转化为中性脂肪，使准妈妈体重增加，还容易引起高血脂症。

含糖量超过20%的水果准妈妈就不宜多吃。

含糖量<10%	西瓜、橙子、柚子、柠檬、桃子、李子、杏、枇杷、菠萝、草莓、樱桃等
含糖量为11%～20%	香蕉、石榴、甜瓜、橘子、苹果、梨、荔枝、芒果等
含糖量＞20%	红枣、龙眼、哈密瓜、柿子、玫瑰香葡萄、冬枣、黄桃

孕期也能吃火锅、烤肉

肉类可能含有弓形虫，如果烹饪时没有熟透，就不能消灭其中的弓形虫，准妈妈若误吃了这样的肉，会使胎儿感染弓形虫病毒，导致胎儿脑积水、小头畸形、脑钙化、流产、死胎等，胎宝宝在出生后有可能发生抽搐、脑瘫、视听障碍、智力障碍等，危害极大。

1.吃火锅、烤肉时一定要把肉片烹调熟透才可食用。

2.建议肉类以外的其他食物也涮熟透后再食用，这样做可以避免生肉跟蔬菜等交叉感染。

3.熟食应该与未煮熟的食物分别用不同的碟子装，夹生食与熟食的筷子也应该分开，这样才能防止或减少消化道炎症和肠寄生虫病的发生。

4.吃火锅时最好吃前先喝小半杯新鲜果汁，接着吃蔬菜，然后才吃肉。这样，才可以合理利用食物的营养，减少胃肠负担，达到健康饮食的目的。

均衡营养的一日配餐

早餐	发糕1个（100克） 煮鸡蛋1个（70克） 牛奶1杯（250毫升） 新鲜蔬菜丝1碟（50克）
加餐	早餐后或午餐前1~2小时：苹果汁1杯
午餐	大米饭1碗（150克） 毛豆烧肉1碟（200克） 炒红薯泥1碟（100克）
加餐	午餐后或晚餐前1~2小时：花生芝麻糊1杯
晚餐	牛奶山药麦片粥（150克） 豆芽鱼片1碗（100克） 芹菜豆干丝1碟（100克） 萝卜汤1碗（100毫升）
加餐	晚餐后1小时：酸奶100毫升 临睡前1小时：粗粮饼干2块（25克）

食疗调养好孕色

促进胎宝宝大脑发育

草鱼
狮子头

原料：猪五花肉300克，草鱼肉200克，鸡蛋1个。

调料：料酒10克，香油少许，高汤、盐、味精、姜汁、水淀粉各适量。

做法：

1.鱼肉洗净，剁成蓉；猪肉去皮，洗净，切成粒，加鱼肉、姜汁、料酒、味精、鸡蛋、水淀粉拌匀，而后加盐搅拌上劲，做成肉丸。

2.锅置火上，加入高汤，大火烧后开下入肉丸，用小火炖透，入味后淋上香油即可。

功效：这道菜中卵磷脂及不饱和脂肪酸尤其高，对促进胎儿大脑发育很有好处。

海带
烧黄豆

原料：黄豆50克，海带、香菇各20克，彩椒丝少许。

调料：酱油2克，红糖、盐各1克，干辣椒2个。

做法：

1.黄豆浸泡2～4小时后洗净；将香菇洗净，海带泡开，都切成小块备用。

2.起锅加水（以没过黄豆为宜），将黄豆、香菇块、海带块用小火炖煮20分钟。

3.加入酱油、红糖、盐、干辣椒，用小火慢慢煮至汤收干后装盘，撒上彩椒丝点缀即可。

功效：这道菜中含有丰富的碘和蛋白质，对胎宝宝的中枢神经系统和大脑的发育有很好的促进作用。

开胃止吐

青椒里脊肉片

原料：猪里脊肉200克，青椒150克，鸡蛋1个。

调料：香油、盐、水淀粉各5克，味精2克，料酒10克，干淀粉6克，植物油适量。

做法：

1.猪里脊肉剔去筋膜，切成薄片，洗净，取出放入碗内，加盐、味精、鸡蛋清、干淀粉，拌匀上浆；青椒去蒂子，切成大小与肉片相同的片。

2.炒锅上火，放入植物油，烧至四成熟，下里脊片滑熟，捞出沥油。

3.原锅留油少许置火上，下青椒片煸至变色，加料酒、盐和清水40克烧沸，用水淀粉勾芡，倒入里脊片，淋香油，盛入盘内即成。

功效：青椒的独有气味和爽脆口感，可以增进准妈妈的食欲。与滑嫩的肉片搭配营养丰富。

老北京鸡肉卷

原料：鸡腿肉100克，黄瓜条、葱丝各适量，生菜叶1片，薄鸡蛋烙饼1张。

调料：料酒、甜面酱、沙拉酱、淀粉、黑胡椒、辣椒粉、盐、糖、植物油各适量。

做法：

1.鸡腿肉切成小块，加盐、辣椒粉、黑胡椒粉、料酒拌匀，腌渍30分钟。生菜叶择洗干净；将甜面酱、白糖加少许清水调匀。

2.炒锅放油烧热，将鸡腿肉块蘸一层面糊后再蘸一层淀粉，入锅炸成金黄色后捞出控净油。

3.在烙饼上抹上甜面酱、沙拉酱，铺上生菜叶，再放黄瓜条、葱丝，放上鸡块卷起来即可。

功效：不想吃饭了可以换个口味，自制烙饼卷鸡肉或卷菜，不一样的、色香味俱全的食物会让准妈妈有个好胃口。

缓解孕早期便秘

芹菜
炒豆干

原料：芹菜200克，白豆干3块，
红椒1个。

调料：花椒粉、盐、味精各适量。

做法：

1.将白豆干切细丝，放入温水中，加
盐、味精泡5分钟，捞出沥干。

2.芹菜去叶切段，放开水内略余烫，过
凉；红椒去籽，洗净切丝。

3.锅中放油烧热，放入豆干、芹菜、红
椒翻炒至熟，加盐、花椒粉、味精略
炒即可。

功效：芹菜富含纤维素，豆腐富含蛋
白质，这道菜不但有较好的缓解便秘
作用，也能充分补足营养。

木耳
炒茭白

原料：茭白250克，水发木耳
100克。

调料：葱花15克，蒜片、姜片、淀粉
各10克，高汤、盐、味精、胡椒粉各
适量。

做法：

1.茭白洗净，切成薄片；木耳洗净，
切成粗丝；将盐、胡椒粉、味精、高
汤、淀粉兑成茨汁。

2.锅中倒入适量油烧热，下姜片、蒜
片炒香，放入茭白片、木耳丝炒至断
生，放入葱花及茨汁，炒熟即可。

功效：茭白有清热解毒、利尿、除烦
渴等功效，可促进代谢，食后易有饱
足感，缓解便秘的功效很好。

清淡易消化，减轻肠胃负担

菠菜蛋卷

原料：鸡蛋1个，菠菜叶50克。

调料：盐、香油各适量。

做法：

1.将鸡蛋磕入碗中，搅散成液。

2.不粘锅置火上，刷上薄薄一层植物油，倒入鸡蛋液摊成蛋饼，取出，用厨房纸巾吸走蛋饼两面的油。

3.菠菜叶洗净，放进开水里焯一下，捞出沥水，然后剁成菠菜泥，挤去多余的水分，加入盐和香油拌匀。将拌好的菠菜泥放到蛋饼上，卷起、切段装盘即可。

功效：鸡蛋中含有丰富的蛋白质及钙质，菠菜食物纤维丰富，对于慢性便秘、痔疮都有治疗功效，还有益于胎宝宝视力正常发育。

白萝卜
豆腐

原料：豆腐1块，白萝卜半根，海苔（或海带）丝、面粉各少许。

调料：酱油1大匙，姜汁、白糖各1小匙。

做法：

1.将豆腐切成8小块，蘸上面粉；白萝卜洗净，入蒸锅中蒸熟后搅拌成泥状。

2.酱油、姜汁、白糖和适量清水兑成汁。

3.豆腐上放少许白萝卜泥，淋上调好的汁，加少许海苔丝上蒸锅蒸10分钟即可。

功效：萝卜含丰富的维生素C和微量元素锌，有促进消化的功效，这是一道可以健胃、补虚的食物。

健康营养的花样豆浆

五豆豆浆

原料：黄豆30克，黑豆10克，青豆10克，豌豆10克，花生10克。

调料：清水1200毫升。

做法：

1.将五种材料提前浸泡一夜，直至泡发。

2.将浸泡好的食材装入豆浆机中，加入清水，启动豆浆机，十几分钟后豆浆煮熟，即可饮用。

功效：这款豆浆具有很好的降脂降压功效，可以帮助准妈妈保护心血管，预防妊娠高血压。

香甜豆浆粥

原料：新鲜豆浆适量，粳米50克。

调料：冰糖少许。

做法：

1.将粳米淘洗干净，放入锅中。

2.加入适量豆浆、少许水，大火煮沸后改小火煮粥。

3.待粥煮至软烂黏稠状时，加入冰糖，略煮3分钟即可。

功效：豆浆富含蛋白质，且热量低、脂肪含量低，有利于保护准妈妈的心血管。

孕4月

做好孕期体重管理

孕13~16周的胎儿和准妈妈

第13周的胎宝宝

在本周之前，胎儿一直是耷拉着脑袋的，因为脖子还没发育到足以支撑起头部。这种状况将在本阶段得到改善，现在的脖子已经发育到足以支撑起头部了。胎儿长在头部两侧的眼睛逐渐向面部正前方移动，耳朵也逐渐向正常位置移动，面部五官更加集中了。

另外，胎儿的牙槽内在本周开始出现乳牙牙体，声带也开始形成。还有一个重要的身份识别信息也开始形成了，这就是手指和脚趾纹印。这是独一无二的，在孩子出生后，脚纹将被印在出生记录单上作为证明。

令人高兴的是，胎宝宝的根据地——胎盘更稳固了，它通过脐带为胎宝宝源源不断地输送营养。内脏掀起了"工作"热潮，肝脏不断分泌胆汁，胰腺也开始产生胰岛素。大脑神经元迅速增多，决定宝宝聪明与否的神经突触形成。随着小胎儿器官和机构的发育成形，流产的概率大大降低。

第14周的胎宝宝

从这一周开始，胎儿身体的生长速度超过头部，头重脚轻的状况将得到很大改善，身体外观的比例将逐渐协调。支撑小脑袋的脖子也比以前更加伸展，小胎儿甚至有力气抬起头来了。小小的脸蛋有时还会出现皱眉、斜眼等可爱的动作。

骨骼在继续发育，软骨开始形成。四肢的生长速度出现了分化，胳膊的生长速度超过腿部，而且灵活性也优于腿部，会时不时挥动胳膊，并做出抓或握的动作，还会把手放入嘴里吮吸。胃内消化腺和口腔内唾液腺形成，内脏的功能在不断完善。

还有一个很重要的变化，就是小胎儿的外生殖器已经能够完全区分性别了。

告诉你个秘密，本周胎宝宝的全身会长出非常细小的绒毛，叫作"胎毛"，这是胎宝宝"独家"拥有的，出生后胎毛就会逐渐消失。

第15周的胎宝宝

小胎儿的身上开始长出细细的绒毛了，头发和眉毛也零零星星地开始生长。脑袋与身体的比例逐渐向成长值靠拢。不过脑门还是大大的。两只眼睛上的眼皮已经完全盖住了眼球，如果遇到明显的光线刺激，可能会微微眨动眼皮或者将脑袋转开。小胎儿的腿部也将超过胳膊的长度，整个身体变得更加协调。

吞吐羊水的游戏是小胎儿喜欢的游戏，这样做可以促进胎儿肺部气囊的发育。最有趣的是，小胎儿竟然学会了打嗝，这可真了不起，小胎儿在为学习呼吸做准备呢！由于各主要关节都发育完成，小胎儿的动作更协调了。

小胎儿稚嫩的内脏在有条不紊地训练着自身的功能，为将来的出生做准备。保护内脏的腹壁也增厚了，有了一定的防御能力。

第16周的胎宝宝

小胎儿头部现在大约只占到整个身体的1/3，身体比例协调多了。到这个月底，小胎儿能长到大约16厘米长，接近于准妈妈的手掌大小了，体重也将增加到120克左右。小胳膊、小腿发育完成了，关节活动更灵活。神经系统也开始工作，肌肉对来自大脑的刺激有了反应，能够协调运动了，这些成长让小小的胎儿越来越好动，不时就会翻个筋斗或者踢蹬一下腿，不过，由于有羊水的缓冲，准妈妈目前大多还感受不到胎儿的动作。大约到孕5月后期，大部分准妈妈都可以感受到胎动了。

胎儿的循环系统几乎都进入了正常的工作状态，可以把尿排到羊水中，但羊水仍然是安全的，因为胎儿的尿液是干净无毒的，其中的代谢废物早已经随着准妈妈的循环系统排出体外，所以胎儿还是会把羊水吞咽下去练习呼吸。另外，胎儿的眼珠开始慢慢转动，不过眼睛仍然不能睁开。

71

准妈妈的变化

变化	准妈妈的变化	保健建议
看得见的外在变化	胃口开始变得好起来	由于早孕反应减轻甚至消失，准妈妈的胃口开始变好，进入了最轻松的孕中期
	腹部开始有一点点隆起	此时的子宫已变为拳头大小，躺在床上时，准妈妈可以在耻骨上方摸到一个小小凸起，那就是增大后的子宫
	乳房进一步增大	需要更换大码胸衣了
	白带增多，阴道分泌物继续增多	要做好外阴部位的清洁卫生，谨防炎症和感染
	牙龈常处于充血状态，有时轻轻一碰就会牙龈出血	这是由于雌激素和孕激素水平上升，准妈妈的口腔敏感度提高造成的。应加倍小心地护理自己的口腔，预防各种口腔疾病
	容光焕发	随着体内血容量的增加，血液循环速度的加快，加上本身体温比普通人略高，准妈妈的皮肤现在看起来显得红润许多
看不见的体内变化	皮肤可能变黑	由于激素的影响，皮肤色素沉着更多，原本就比较黑的准妈妈，可能会看起来更黑了。分娩之后沉积的色素才会逐渐褪去
	出现鼻塞，过敏性体质的人情况会更严重些	由于怀孕期间鼻黏膜充血造成的，不必过于担心
	尿频症状加重了	这是因为胎儿的代谢能力增强、代谢物增多的缘故
微妙的情绪变化	孕早期的忐忑、焦虑情绪逐渐化解，心情越来越好	早孕反应减轻，对孕育宝宝的自信增强，会让准妈妈的心态逐渐平和轻松

重点营养素——钙与维生素D

测测你是否缺钙

钙是人体必需的常量元素，是牙齿和骨骼的主要成分，二者合计约占体内总钙量的99%。钙离子是血液保持一定凝固性的必要因子之一，也是体内许多重要酶的激活剂。孕期缺钙会引起小腿抽筋，牙齿珐琅质发育异常，抗龋能力降低，硬组织结构疏松，并发妊高症。严重缺钙可致骨质软化、骨盆畸形而诱发难产。胎宝宝缺钙在出生后易发生骨骼病变、生长迟缓、佝偻病以及新生儿脊髓炎等。

担心自己缺钙的准妈妈，可以对照以下缺钙表现做个自我判断。

1.经常抽筋。

2.无故腰酸背疼。

3.易过敏。

4.睡眠障碍。

5.指甲软且经常断裂。

如果准妈妈有以上的表现，可去医院做一个检测，看是否真的缺钙，还是由于其他原因导致的，对症解决问题，这样才能取得最好的效果。

为胎儿骨骼发育储存适量的钙

根据《中国居民膳食营养素参考摄入量》，孕妇在孕早期钙的适宜摄入量是每天800毫克，与怀孕之前的钙摄入量相当。随着胎儿的成长，钙摄入量到孕中期增加为每天1000毫克，孕晚期增加为每天1200毫克。

奶和奶制品中钙含量最丰富且吸收率也高，最好每天能摄入250～500毫升的牛奶，因为250毫升左右的牛奶中含有约200毫克的钙，500毫升的牛奶约有400毫克的钙。其他食物，如虾皮、蔬菜、鸡蛋、豆制品、海产品等都含有丰富的钙。只要准妈妈饮食结构合理，每天能饮用250～500毫升的牛奶或酸奶，孕早期一般不需要额外服用钙片来补钙。

如果钙摄入量过大，反而对胎儿健康发育不利。营养学会认为，孕期每日摄入钙超过2000毫克就超过人体需求了。

有没有必要吃钙片

要不要额外服用补钙制剂，应该根据准妈妈是否缺钙而定。如果准妈妈确实缺钙，通过饮食无法满足钙摄入需求，那就应该配合医生指导服用补钙制剂。

市面上的钙制剂琳琅满目，有单剂也有复合剂，服用前最好先向医生咨询，看哪类制剂更适合自己。选购补钙制剂，首先要确认产品的安全性。合格的补钙制剂外包装会包含如下信息：厂家、厂址、生产日期、保质期、批号、批准文号等。如果信息不全，产品的安全性就可能存在问题。

各类钙制剂的钙吸收率大致相同，因此选择补钙制剂不能单看吸收率，最重要的是看其中是否含有维生素D，以及制剂中的钙元素含量。目前市场上常见的补钙剂有碳酸钙、氧化钙、葡萄糖酸钙、柠檬酸钙（枸橼酸钙）、乳酸钙、羟基磷酸钙以及各种氨基酸钙等。不同的钙源所含元素钙的量是不同的，碳酸钙中元素钙的含量最高为40%、柠檬酸钙为21%、乳酸钙为13%、葡萄糖酸钙为9%。

富含钙的食物

食物名称	每100克的钙含量（毫克）	食用建议
芝麻酱	1170	•吃面包的时候可以在面包片上涂芝麻酱 •可以用芝麻酱做调味料，拌凉菜 •重度肥胖者不宜食用
虾皮	991	•如果是海虾虾皮本身具备一定的咸味，烹调的时候可以不放盐或者少放盐 •有过敏性疾病的准妈妈要谨慎食用虾皮
海带	348	•脾胃虚寒的人要少食用 •甲亢中碘过剩型的病人不宜食用
豆腐干	308	•豆腐中含嘌呤较多，对嘌呤代谢失常的痛风病人和血尿酸浓度增高的患者，忌食豆腐 •豆腐性偏寒，胃寒者和易腹泻、腹胀、脾虚者也不宜多食
泥鳅	299	•泥鳅所含脂肪成分较低，胆固醇更少，属高蛋白低脂肪食品 •刚刚买回来的泥鳅不宜直接用来炖豆腐，需用清水养几天，待它吐尽泥沙后再煮
海参	285	•烹饪海参不要加醋，醋不但影响海参的口感、味道，而且还会破坏胶原蛋白 •海参性滑利，脾胃虚弱、痰多便溏者勿食
紫菜	264	•胃肠消化功能不好的准妈妈应少食紫菜 •建议与鱼肉、大米搭配熬粥，营养互补
黑豆	224	•豆类不易消化，消化功能弱、容易便秘的准妈妈要少吃
燕麦片	186	•燕麦片含丰富的膳食纤维，可以帮助顺畅通便，排除身体毒素，适合孕期食用 •便溏腹泻的准妈妈宜少食
牛奶	104	•不管是牛奶还是酸奶，越纯的越好。所以，不要买有太多添加物的奶制品

适量补充维生素D

维生素D是所有具有胆骨化醇生物活性的类固醇统称，在体内维生素D主要储存在脂肪组织与骨骼肌中，肝脏、大脑、肺、脾、骨骼和皮肤中也有少量存在。

缺乏维生素D可导致准妈妈钙代谢紊乱，出现骨质软化、骨质疏松症，进而使胎儿及新生儿的骨骼出现钙化障碍以及牙齿发育缺陷，严重缺乏维生素D，会使宝宝发生先天性佝偻病、低血钙症以及牙釉质发育差，易患龋齿，出生后牙齿萌出迟缓等。

建议准妈妈维生素D摄入量为：孕初期为每日5微克，孕中期和孕晚期为10微克，孕期维生素D的可耐受最高摄入量为每日20微克。

维生素D可以在体内蓄积，过多摄入可以引起维生素D中毒。

富含维生素D的食物

维生素D的来源有两个方面。一个是内源性的，即由日光的紫外线照射皮肤，使皮肤内的7-脱氢胆固醇转为胆骨化醇即维生素D_2。准妈妈最好每日有1～2小时的户外活动，晒晒太阳。另一个就是从食物中获取，含维生素D_3最丰富的食物有鱼肝油、动物肝脏、蛋黄、奶类、鱼子等。维生素D_2来自植物性食品。

维生素D含量最高食物排行榜

食物名称（每100克）	维生素D含量（毫克）
银耳	970
黑木耳	440
猪肝	420
猪血	386
奶酪	312
羊肉	320
乌鸡	250
牛肉	243
牛奶	240
酸奶	232
猪肉	230
鸡肉	221
驴肉	201
猪蹄	182
鸭肉	136

草酸会影响钙吸收

不少蔬菜中含有草酸，这类蔬菜如果与富含钙质的食材搭配烹调菜肴，其中的草酸就会与钙质发生化学反应，生成人体难以吸收的草酸钙，影响人体对钙质的吸收。

富含草酸的蔬菜有菠菜、苋菜、空心菜、芥菜、甜菜、韭菜、竹笋等。

磷摄入过量导致钙流失

正常情况下，人体内的钙与磷比例是2：1。如果血液中磷含量过高，为了维持钙和磷离子总量的恒定，血液中的钙含量就必须减低，同时钙的吸收也会变差，导致体内大量钙流失。磷摄入过量是导致钙流失的最主要原因。常见富含磷的食物有碳酸饮料、咖啡、汉堡包、比萨饼、小麦胚芽、动物肝脏、炸薯条等。现阶段的准妈妈应少吃以上食物。

钠摄入过量与钙流失有关

人体每排泄1克钠，同时耗损26毫克钙，人体排出的钠越多，钙消耗越大。《中国居民膳食指南》建议中国人每日摄入食盐不超过6克，但实际上大多数中国人的食盐摄入量都超过了这个量，这就会导致摄入钠过量，影响钙摄入。

动物性蛋白质也不能摄入过量

动物性蛋白质的摄入量越多，钙质排出体外的机会就相对增加。建议贪吃鱼肉的准妈妈根据本书给出的膳食结构建议，合理安排每日的鱼肉进食量，避免天天大鱼大肉，摄入过量蛋白质，导致钙流失。一般情况下，孕中期的准妈妈只需在孕早期的基础上，每日增加总量50～100克的鱼、禽、蛋、瘦肉，就能摄入充足的蛋白质。

每天2袋奶，孕期不缺钙

孕期坚持每天喝250～500毫升的牛奶，可以帮准妈妈补充钙质等多种营养素，好处明显。现在牛奶的种类不少，哪些更适合孕期饮用，准妈妈要心中有数。

不要买有太多添加物的奶制品，如核桃牛奶、花生牛奶、水果酸奶等，与纯奶相比，这些奶制品的营养已大打折扣。从加工方法来说还有复原奶、鲜牛奶、灭菌牛奶、巴氏消毒奶等，营养保存最好的当属巴氏消毒奶。

而相对于低脂、脱脂奶来说，全脂奶所含的营养更丰富，尤其是维生素A和维生素D（脱脂的同时会脱去很多种溶于脂肪的维生素）。而且，全脂牛奶所含的脂肪量并不算高，每天的饮用量不超过2杯，一般不会有体重额外增长的情况。所以，除非确实处于控制体重的需要，或者医生要求，还是选择全脂奶吧。

喝牛奶时可以加点儿蜂蜜

纯牛奶一般是淡味的，有些准妈妈可能不太喜欢这个味道，此时可以在牛奶里加点儿蜂蜜。牛奶和蜂蜜的营养是互补的，牛奶缺乏热能供给，蜂蜜是高热能食物，而且补血、补镁，还有利于排便，二者搭配食用可加强营养。准妈妈可以每天食用1～2勺蜂蜜，但不宜过多，因为蜂蜜含糖量太高，大量食用可能会导致准妈妈血糖增高。

乳糖不耐受怎么办

乳糖不耐受通常指由于小肠黏膜乳糖酶缺乏，导致奶中乳糖消化吸收障碍而引起的腹胀、腹泻、腹痛症状。属于乳糖不耐受体质的准妈妈，可以用其他发酵过的乳制品来代替牛奶，如酸奶、奶酪等。酸奶、奶酪是牛奶发酵而成的，营养丰富，食用后也不会引起腹泻、腹胀。

实在不喜欢奶制品的话，就改喝豆浆吧。现在用豆浆机做豆浆十分方便。

如果想坚持喝牛奶，也可以采用少量多次的方式，减轻乳糖不耐受症状，或者在进食其他食物的同时饮用牛奶，如乳制品与肉类和含脂肪的食物同时食用，可减轻或避免出现乳糖不耐受的症状。

孕妇奶粉和牛奶可以一起喝吗

　　孕妇奶粉是配方奶粉，根据孕期需要添加了各种营养素，而且容易消化吸收，所以喝孕妇奶粉对准妈妈和胎儿都有好处。不过，孕妇奶粉和牛奶的基础营养物质是相同的，如果每天都喝孕妇奶粉就不需要再喝牛奶，以免摄入过多，导致营养过剩。

　　选择孕妇奶粉，主要关注点应该在它的配方上，可以选那些营养素全面、搭配合理的。另外，可以根据自身的营养状况，有针对性地选择对某种营养进行强化的孕妇奶粉。

本月重点：自我检测体重增幅

孕期体重增加多少因人而异

孕期体重增加多少，与准妈妈在怀孕时的胖瘦程度相关。准妈妈可以根据BMI计算法算出自己怀孕时体重是否标准，进而推算孕期增重的正常范围。

一般而言，标准体重孕期增重11～16千克都是正常的；偏瘦的准妈妈则需要在孕期增加热量摄入，让体重增加13～18千克；偏胖的准妈妈要合理控制体重增长幅度，整个孕期增重保持在9～11千克比较理想。孕前就很胖的话，则孕期体重增长应控制在9千克以内。

孕期体重都长哪儿了

孕期增加的体重，除了准妈妈自身的脂肪储备和胎儿的体重，还包括胀大的乳房、增大的子宫、胎盘、羊水以及增加的血液、体液等。各部分体重的增加值大约如下（仅供参考）。

胎儿	3.4千克
增大的子宫	0.9千克
胎盘	0.68千克
羊水	1千克
胀大的乳房	1千克
额外的血液或其他体液	3.6千克
额外储存的脂肪	3.2千克

准妈妈体重增加太快怎么办

有些准妈妈在怀孕的前几个月体重增加比较多，或者孕前就较胖，因此很担心。

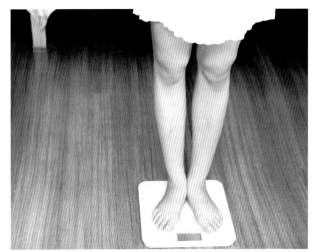

对于过胖的准妈妈来说，最重要的不是减轻体重，而是控制好体重的增长幅度。最好的方式就是将调整饮食和运动结合起来。

准妈妈可以根据本书建议的热量摄入量和饮食量，检查自己的饮食结构是否合理、热量摄入是否超标。如果答案是肯定的，那就应该减少热量摄入，少吃高热量食物（如油炸食品、高脂肉类），调整至合理的饮食结构。同时辅以合理的运动（每天保证能运动1小时左右），让体重增长的幅度恢复到正常水平（过胖的准妈妈孕中期每周增重建议保持在0.4千克左右）。

食量过大的准妈妈，可以用改变进食方式来减少进食量。在进餐时先吃热量低的蔬菜、水果，填填肚子，就可以相应减少高热量的肉类、主食的进食量了。细嚼慢咽的方式也可以让准妈妈在没吃太多时就接收到"饱了"的身体信号，从而减少进食量。

烹调方法越简单，食物热量越少

烹调方法越复杂，需要加入的调料、配料也就越多，虽然能使菜品更入味更好吃，但准妈妈就会在无形中摄入更多的热量。对于准妈妈来说，清淡可口易消化的饮食是最好的，而且烹调越简化、烹调时间越短，其中的营养就能保存得越好。

此外，要多蒸煮、少煎炸。煎炸食物不仅难消化，营养流失多，而且油脂含量高，热量高；蒸煮方式需用的食用油较少，热量低，营养相对而言也保存得更完整，更适合准妈妈食用。实在想吃煎炸食物时，建议用锡纸包裹上食物后再进行炸制，可以减少油脂附着，并且吃起来更鲜嫩。

写给爱吃肉又怕胖的准妈妈

肉类脂肪所含热量高，而且其中有益健康的不饱和脂肪酸含量低，不宜多吃，尤其是较胖的准妈妈，更要少吃。建议在烹调肉类前，把附着其上的肥油部分去掉，这样既不影响吸收肉中营养，又不会摄入高热量的脂肪。

肉类炖汤之后，上面往往漂浮着一层油脂，喝了不仅容易犯腻，摄入热量也会大大增加。如果喝汤前能把漂浮其上的油脂撇掉，就会好很多。

体重长得太慢了，怎么办

体重增长因人而异，有些准妈妈在怀孕的头几个月就能增重几千克，也有些准妈妈因为早孕反应，过完孕早期体重也没长多少，甚至减轻了一点儿。但只要准妈妈身体健康，产检结果正常，现在长得慢一点儿、少一点儿，并不需要担心。

即使因为早孕反应导致准妈妈在短时期内营养摄入不均衡，也可以在身心舒适之后通过饮食调整补回来。只有少数早孕反应特别严重以致不能正常进食的准妈妈，才需要在医生指导下进行治疗，以保证营养摄入。

TIPS

进入孕中期以后，以前长得慢的准妈妈，体重增长就会开始加速。建议食量较小的准妈妈适当调整一下饮食结构，对比本书给出的饮食结构建议，协调好各类食物的进食量，并可多吃一些热量较高的营养食物，比如坚果、牛奶等。实在无法进食的准妈妈需要遵医嘱补充药用维生素、微量元素等。

吃出营养力

进入孕中期，宜增加热量摄入

　　孕中期的饮食量并不需要增加许多，因为孕中期只需要每日比孕早期增加200千卡的热量需求，这些热量相当于大半碗米饭，或一个中等大小的鸡蛋加200毫升牛奶，或一片面包加一杯130毫升酸奶，或一片面包加一个中等大小的苹果。

饭后勤刷牙、漱口，预防牙病

　　一方面，由于孕期激素分泌的影响，准妈妈的牙龈特别容易出血；另一方面，准妈妈吃的东西多了，如果不及时清洁口腔，也容易损害牙齿，甚至诱发妊娠牙龈炎。这就需要准妈妈比孕前更精心地做好牙齿和口腔的清洁。

　　1.每次吃完东西要及时漱口，可避免食物残渣发酵腐蚀牙齿和减少口腔细菌的繁殖。漱口水可以是清水，也可以是淡盐水或2%的小苏打水。

　　2.每天刷2次牙，早晚各1次。建议准妈妈使用软毛牙刷，以减少对牙龈的刺激。每次刷牙牙膏不需要很多，一般占到刷头1/3或1/4即可。还有一点，牙膏清洁牙齿，主要靠其中的摩擦颗粒，而不是泡沫，所以最好不要在刷牙前将牙膏蘸水，那样会减小摩擦颗粒的作用。

使用软毛牙刷

你的牙龈部位毛细血管较脆弱，不宜使用硬毛牙刷，以免损伤牙龈，引起疼痛、出血，严重的还会引发牙龈炎，影响进食。而软毛牙刷弹性好，既可以深入龈缘以下及邻面间隙去除牙菌斑，还可以减轻对牙龈的伤害。

少用含氟牙膏

市售的牙膏多数都含氟。我国华北、西北、东北和黄淮海平原等地区的水源中含氟量较高，如果在这些地区长期使用含氟牙膏，会导致氟摄入过量，发生氟中毒。孕期氟中毒，可能会影响胎宝宝大脑神经元的发育。为了避免氟中毒，每次使用牙膏的量控制在1克左右，即挤出的膏体约占牙刷头的1/3或1/4即可。

反季节果蔬营养打折扣

准妈妈最好是吃时令果蔬，因为反季节果蔬是在违反果蔬自然生长规律的条件下栽培出来的，营养相对而言大打折扣——大棚里栽种出来的蔬菜、水果由于光合作用不足、流通不好，叶绿素、维生素C、矿物质含量大大下降；而且大棚通风不佳，喷洒的药物不容易散发，果蔬中的有害残留相对更多。

部分催熟的果蔬还有副作用，对准妈妈和小胎儿的健康不利。有研究表明，3岁以上儿童性早熟与过多食用反季节草莓、西红柿密切相关。因此，怀孕期间应忌吃催熟水果。一般看起来形状怪异、异常硕大、颜色不对的果蔬都可能是催熟的，吃起来味道寡淡，没有果蔬本来的味道和香气的，也大多是催熟的。

不同时令的饮食养生重点

季节	养生重点	饮食上的建议
春季	重在养肝，滋补阳气	●中医认为酸味入肝，可强肝，而甘味入脾，可补脾脏。因此春季的饮食应少酸多甘，要少吃酸味食物，多吃甘味食物 ●多吃大枣、山药等补脾食物，补充气血、解除肌肉的紧张 ●多吃些温补阳气的食物。肾阳为人体阳气之根，准妈妈可以多吃补肾食物，如葱、蒜、韭菜等
夏季	清热解暑，养心宁神	●少吃一些冷饮是可以的，但不可贪多，寒凉食物吃多了会损伤脾胃，对胎儿发育不利 ●可适当吃些苦味食物，如苦瓜等，苦味食物能清泄暑热，增进食欲 ●可以吃点儿酸味食物，酸味能敛汗止泻祛湿，能预防流汗过多而耗气伤阴，又能生津解渴，健胃消食 ●夏季要少吃甜味食物，以免助长体内湿气
秋季	滋阴润燥，润肺养胃	●秋季干燥，要少吃葱、姜、蒜、韭菜等辛辣食物，防止耗伤阴血津液 ●多吃滋阴润燥的食物，如豆腐、黑豆、银耳、木耳、芝麻、核桃、百合、豆浆、蜂蜜、梨、藕等 3.秋季还是脾胃病高发的季节，应少吃寒凉之物（如西瓜），以保护胃
冬季	温补助阳，补肾益精	●可适当多吃温热食物，如热粥、羊肉、萝卜等 ●冬季空气干燥，容易上火的准妈妈可适量吃些冬瓜、黄瓜、芹菜、香蕉、梨等凉性的果蔬去火 ●脾虚、虚弱的准妈妈则不宜吃寒凉食物

均衡营养的一日配餐

早餐　　　红糖小米粥1碗（100克）
　　　　　煮鸡蛋1个（70克）
　　　　　牛奶1杯（250毫升）
　　　　　南瓜羹1碗（100克）

加餐　　　早餐后或午餐前1~2小时：雪梨1个

午餐　　　大米饭1碗（150克）
　　　　　烧豆腐1碟（200克）
　　　　　什锦沙拉1碟（100克）

加餐　　　午餐后或晚餐前1~2小时：腰果1把（50克）

晚餐　　　大米饭1碗（150克）
　　　　　核桃鸡丁1碟（100克）
　　　　　丝瓜瘦肉汤1碗（200克）
　　　　　素炒白菜心1碟（100克）

加餐　　　晚餐后1小时：豆沙包1个（25克）
　　　　　临睡前1小时：酸奶100毫升

食疗调养好孕色

高钙营养餐

豆芽海带
鲫鱼汤

原料：活鲫鱼1条，黄豆芽200克，海带25克。

调料：鲜汤少许，料酒1大匙，姜末、葱末、酱油、盐、醋各适量。

做法：

1.先将鲫鱼去鳃、鳞、内脏，洗净，在鱼身两侧斜切成十字花刀，控干水；黄豆芽洗净，拣出豆皮，沥干水；海带用温水泡发，洗净，切成长约3厘米、宽约0.3厘米的丝。

2.锅置火上，加入适量清水，烧开后将鲫鱼放入焯一下，捞起，放入清水中把鱼腹膛内黑膜洗净，沥去水分。

3.锅内放油，烧热，放入姜末、葱末，炝出香味，加入鲜汤、酱油、料酒、醋，待汤开时，放入鲫鱼、黄豆芽、海带丝，用小火炖15分钟后，加盐调味即可。

功效：黄豆在发芽过程中，更多的钙、磷、铁、锌等矿物质元素被释放出来，增加营养利用率，可消除疲劳，是一道全面补充蛋白质、维生素、矿物质及水分的营养汤。

酸奶
水果沙拉

原料：香蕉、苹果、猕猴桃各100克。

调料：酸奶300毫升。

做法：

1.将苹果洗净，把核挖出来，然后切成片。

2.猕猴桃削皮切片；香蕉去皮切片。

3.把以上水果按自己喜欢的样子摆盘，浇上酸奶即可。

功效：酸奶中蛋白质和钙的含量较多，口味酸甜，适合拌沙拉；水果中的果酸有助于酸奶中的钙被人体吸收。它们可以为准妈妈提供优质蛋白质、维生素C、叶酸及矿物质。

低脂营养餐

口蘑
焖腐竹

原料：口蘑100克，腐竹200克。

调料：高汤150克，姜末、水淀粉、料酒、酱油、白糖、盐各适量，味精、香油各少许。

做法：

1.口蘑洗净；腐竹用温水浸软，放入沸水内煮熟捞出洗净，切成5厘米长的段。

2.锅中倒入适量油，烧至七八成热，下姜末爆锅，放口蘑炒软。

3.加入腐竹煸炒，加酱油、盐、白糖、味精、高汤，转小火焖烧5分钟，用水淀粉勾芡，烹料酒，淋上香油炒匀即可。

功效：这道菜能为准妈妈提供丰富的维生素、蛋白质及钙，营养均衡，热量低，脂肪含量低。

清蒸
黄花鱼

原料：黄花鱼1条。

调料：蒸鱼豉油、生姜、葱丝各适量。

做法：

1.将姜洗净切片，鱼收拾干净放盘子上，姜片铺在鱼上；蒸鱼豉油倒在小碗里。

2.将鱼盘和豉油碗都放在锅里用大火蒸，大约10分钟左右，至鱼熟。

3.去掉姜片，倒掉鱼盘里的水，然后将葱丝铺在鱼上，蒸鱼豉油倒到鱼上。

4.将锅烧热，倒入适量油烧热，均匀地浇到鱼身上即可。

功效：黄花鱼含有丰富的蛋白质、微量元素和维生素，对人体有很好的补益作用，常吃黄花鱼可安神补脑。

原料： 水发木耳、莴笋各100克，鸡胸肉200克，青椒、红椒各少许。

调料： 盐、香油各适量。

做法：

1.莴笋去皮，木耳、青椒、红椒分别洗净切丝，稍余烫一下。

2.鸡胸肉洗净切丝，余烫至熟。

3.全部材料用盐、味精拌匀，最后淋少许香油即可。

功效： 木耳是润肺清污食品，莴笋可预防便秘，鸡肉高蛋白、低脂肪，搭配食用营养高、热量低。

原料： 西红柿400克，丝瓜300克，水发木耳20克。

调料： 盐、白糖、植物油各适量。

做法：

1.西红柿洗净，用开水烫后剥皮，切成块；丝瓜去皮，洗净，切成滚刀块；木耳洗净，切成小片。

2.锅中倒入适量的油，烧热，放入丝瓜块、西红柿块，翻炒几下，再加木耳片略炒一下。

3.加盐、白糖调味，烧1~2分钟后即成。

功效： 这是一道质软、易消化的菜肴，可以预防牙龈炎，同时还可补血止血。

增强抵抗力

什锦
蔬菜粥

原料：大米100克，西蓝花、洋菇、香菇、胡萝卜各50克。

调料：高汤适量，盐、胡椒粉、香油各少许。

做法：

1.将大米淘洗干净，用清水浸泡30分钟；西蓝花洗净，入沸水锅中余烫，撕成小朵备用；洋菇、香菇、胡萝卜分别洗净，切丝。

2.将大米放入锅中，加入适量高汤，用大火烧开。

3.放入洋菇丝、香菇丝和胡萝卜丝，改小火煮至米粒黏稠，再放入余烫过的西蓝花，煮开后加入少许盐、胡椒粉和香油调味即可。

功效：富含维生素，可以提高身体的抵抗力，其中胡萝卜还可以保护皮肤和黏膜的完整性，预防准妈妈呼吸道感染。

鲫鱼猪血
小米粥

原料：鲜鲫鱼1条，猪血100克，小米50克，红枣5颗，枸杞子5克。

调料：红糖15克，生姜、大葱、盐各适量。

做法：

1.将小米、红枣和枸杞子洗净；猪血洗净切成小丁；鲫鱼去鳞、剖洗干净，将切碎的生姜、大葱连同盐一起塞入鱼腹中。

2.锅置火上，放油烧热，放入鱼，中火煎至鱼表皮略黄，加入开水适量，煮10～15分钟，捞出鱼留作他用，锅中只留鱼汤。

3.在鱼汤中加入小米、红枣、枸杞子，大火煮沸后改小火煮至粥熟，加入红糖及猪血，继续煮5分钟即可。

功效：猪血中含有丰富的铁质和优质蛋白质，能够为准妈妈提供丰富的营养；猪血中所含有的微量元素可以帮助准妈妈提高身体的免疫力。

减轻牙龈出血

山药西红柿粥

原料：大米、西红柿各100克，山药50克。

调料：盐、鸡精各适量。

做法：

1.大米淘洗干净，待用；把山药浸泡5分钟，洗净，切片。

2.西红柿洗净，切成小块。

3.把大米、山药片同放锅内，加适量水和盐，置旺火上烧沸。

4.小火煮30分钟后，加入西红柿块，再煮10分钟即成，出锅加鸡精调味。

功效：这道菜富含维生素C和糖分，对准妈妈牙龈炎、缺铁性贫血及食欲不佳具有防治作用。

鲜虾萝卜

原料：草虾300克，胡萝卜、白萝卜各适量。

调料：高汤、盐各适量。

做法：

1.草虾去除虾线，洗净；胡萝卜、白萝卜分别洗净，去皮，切块。

2.锅中倒入适量高汤，放入白萝卜、胡萝卜一起煮，至萝卜熟烂后，再放入虾。

3.待水滚后，加入盐调味即可。

功效：这道菜富含膳食纤维、维生素C，有利于保护牙龈；虾富含钙质，对保护牙齿也有益处。

孕5月

身心舒适，胃口大开

孕17~20周的胎儿和准妈妈

第17周的胎宝宝

在这段时间，胎儿的棕色脂肪开始形成。棕色脂肪可以在孩子出生后释放热量，帮他保温。不过，现在的胎儿还没有囤积太多的脂肪，看起来很苗条。皮肤也因为下面没有脂肪层，看起来呈透明状，可以清晰地看到下面的血管、肋骨。

听觉开始发育了，胎儿现在已经可以通过羊水的传导，听到准妈妈的声音和心跳了，甚至偶尔还会做出反应。

心脏发育几乎完成，搏动有力，每分钟心跳约145次。其他的脏器在不停的锻炼和完善中。骨骼开始变硬，保护骨骼的卵磷脂也形成并覆盖其上，通过B超可以隐约看到胎儿排列整齐的脊柱。另外，胎儿的手指现在已经非常清晰，只是关节还不容易看出来。

胎儿现在的动作越来越多，而且也越来越协调，经常会抓着自己越来越粗壮的脐带玩耍，还会拳打脚踢。动作幅度较大时，准妈妈就会感觉到胎动。

第18周的胎宝宝

胎儿身体比例更趋协调，下肢比上肢长，下肢各部分都成比例。胎儿也越来越爱动，胎动会越来越频繁，如果这时做B超，可能会看到胎儿做吮吸、踢腿、抓脐带等动作——对于现在的胎儿来说，子宫的空间还较大，他可以像鱼儿一样在里边快活地游动。

听觉能力已经发育得不错了，胎儿会经常微眯着眼，倾听妈妈身体里的肠鸣声、血流声以及心跳声，或者外部人们说话的声音。

脑发育已趋于完善，大脑神经元树突形成，大脑的两个半球不断扩张，小脑两个半球也开始形成。胎儿此时的大脑具备了原始的意识，但是还不具备支配动作的能力，因为中脑还没有充分地发育。肺开始了正式的呼吸运动，但呼吸的都是羊水而非气体。消化道开始积攒羊水，变成糨糊状的胎便，会在出生后排出身体。

第19周的胎宝宝

　　为了保护皮肤，防止其在羊水中浸泡过度导致皲裂、擦伤或硬化，胎儿的皮脂腺开始分泌一种白色的油脂样的物质——胎儿皮脂。这层胎脂包裹着娇嫩的胎儿，会一直保护到宝宝出生，出生后1～2天会被皮肤自行吸收，不用特别处理。

　　本周最大变化是感觉器官开始分区域迅速发展，到了本周末，他的味觉、嗅觉、触觉、视觉、听觉等都在大脑中占据了专门的区域。遍布胎儿体内的神经被叫作髓鞘的脂肪类物质包裹起来，大脑神经元之间的连通开始增加。十二指肠和大肠开始固定，具备了一定的消化功能；胃通过不断地吞咽羊水，逐渐增大（约有一粒米的大小）。整个消化系统开始最初的运行。

　　调皮的胎儿除了睡觉就是运动，不时动动小手、踢踢小腿，一刻不得闲。从本周开始，有些准妈妈已经感觉到胎动了。

第20周的胎宝宝

　　到本孕周，胎儿的体重将增加到250克左右，头部到臀部的长为14～16厘米，全身的比例更匀称了。面部越来越好看，嘴变小了，两眼距离更靠拢一些，只是鼻孔仍然很大，而且是朝天鼻，不过鼻尖慢慢会发育起来，并且鼻孔变得朝下，那时就会更漂亮了。

　　随着皮下脂肪的积累，胎儿的皮肤不再像原来那样呈透明状，而是变得发红了。骨骼发育开始加快，四肢、脊柱已经进入骨化阶段，胎儿需要大量的钙帮助骨骼生长。如果宝宝是个女孩，她的卵巢里已经产生了200万个卵子。男孩的外生殖器也已有了明显特征。

　　另外，此时的胎儿大脑具备了记忆功能，这是一个很让人惊喜的变化。而且他在逐渐形成自己的作息规律，这可以从胎动的频率看出来。胎儿醒着时，胎动多而强；胎儿睡眠休息时，胎动少而弱。

准妈妈的变化

变化	准妈妈的变化	保健建议
看得见的外在变化	腹部从微凸转变为明显的隆起状态	胎儿发育速度加快,从准妈妈体内吸收的营养量大大增加,准妈妈每天需要吃更多的食物来满足宝宝不断增长的营养需求
	乳房进一步增大	及时更换胸罩,保护好胸部
	鼻梁、双颊、前额等部位可能出现蝴蝶形的黄褐色妊娠斑	这是由于准妈妈体内的孕激素、雌激素水平很高,脑垂体分泌的促黑色素细胞激素也大大增加造成的,产后会逐渐消退
	腹部可能出现妊娠纹	也是受了激素水平变化的影响。控制体重增幅可以一定程度上避免长妊娠纹
看不见的体内变化	血液量大大增加	充足的血液会使准妈妈脸色红润,整个人看上去精神焕发。准妈妈需要补充足够的铁质来预防缺铁性贫血
	出现头晕目眩的症状	这是准妈妈的心脏和血管一时难以适应体内一下子多出50%的血液的结果。为了减少眩晕,准妈妈在躺、坐、站、蹲时,改变姿势一定要轻柔、缓慢
微妙的情绪变化	心情平稳,孕育胎宝宝的快乐日渐明显	此期胎动已经可以感觉得到,尽情地和准爸爸一起体会孕育小宝宝的奇妙感受吧

重点营养素——维生素C、维生素E

增强抵抗力的维生素C

维生素C又称为抗坏血酸。人体自身不能合成维生素C，必须从膳食中获取。孕早期每日所需维生素C为100毫克，孕中期和孕晚期所需维生素C均为130毫克；可耐受最高摄入量为每日1000毫克。半杯新鲜的橙汁便可满足准妈妈每天维生素C的最低需要量。只要正常进食新鲜蔬菜和水果，一般不会缺乏。

孕期若缺乏维生素C，准妈妈容易发生牙龈出血，对疾病的抵抗力会降低，胎宝宝的骨骼、牙齿发育也将受到影响。

哪些准妈妈需要补充维生素C

1.缺铁性贫血的准妈妈：维生素C可以促进人体对铁的吸收。维生素C可帮助三价铁转化为更容易被人体吸收的二价铁，如果将富含维生素C的食物与富含铁的食物搭配食用，就可以提高铁的吸收利用率。

2.脸上长了妊娠斑的准妈妈：维生素C有抗氧化作用，补充维生素C可抑制色素斑的生成，促进其消退。

3.容易牙龈出血的准妈妈：补充维生素C，可以降低毛细血管的通透性，减少牙龈出血。

哪些食物富含维生素C

富含维生素C的水果	酸枣、柑橘、草莓、猕猴桃等
富含维生素C的蔬菜	西红柿、辣椒、豆芽含量最多。蔬菜中的叶部比茎部含量高，新叶比老叶含量高，有光合作用的叶部含量最高

怎样保存好蔬菜中的维生素C

1.建议用铁锅炒菜。烹调时使用铁锅，蔬菜中维生素的损失最少，仅为9%。

2.缩短烹调时间。烹调时间越长，蔬菜中维生素C的流失量越大。相比较而言，炒菜时间短，炖菜时间长，炒菜中的维生素C含量就明显高于炖菜的。一般炒菜只要大火快炒，维生素C的损失率可以控制在10%～30%。

3.吃菜了还要喝汤。维生素C是水溶性的，如果是煮的菜，在烹调过程中，不少维生素C已经溶入了菜汤中，如果光吃菜不喝汤，就白白损失掉了菜汤中的维生素C。

4.烹调蔬菜时加淀粉勾芡，淀粉中的谷胱甘肽可以使维生素C不被氧化或少被氧化，从而保护了蔬菜中的维生素C。

5.菜烧好要及时吃，存放20分钟至1小时，与下锅前相比，维生素C损失率达73%～75%。

补充维生素C能预防感冒吗

维生素C是人体必需的营养素之一，对增强人体免疫力有一定的作用。但这并不意味着通过补充维生素C就能预防感冒，免疫力的增强需要保证均衡的营养摄入和身体锻炼，而不是仅仅补充维生素C。

TIPS

水果和叶酸不能同吃

服用叶酸的时候要注意避开不利于叶酸吸收的因素，服用叶酸后要隔2个小时以上才能吃水果，以免水果中的维生素C抑制叶酸的吸收或加快叶酸排出。另外，叶酸制剂要避光、隔热、防潮保存，避免其遇热、遇光被破坏。

重要的抗氧化剂：维生素E

维生素E具有很强的抗氧化作用，能阻止不饱和脂肪酸受到过氧化作用的损伤，从而维持细胞膜的完整性和正常功能。孕期若缺乏维生素E，准妈妈可出现皮肤早衰多皱、毛发脱落等症状，严重的会引起胎动不安，还可能使宝宝出生后发生黄疸。

一般情况下，只要保持合理的饮食结构，多吃蔬菜水果，就能满足身体的维生素E需求了，不用特意补充。

富含维生素E的食物

全麦、糙米、核桃、蛋、牛奶、花生、花生酱、燕麦、红薯、大豆、小麦胚芽、坚果类、绿叶蔬菜、谷类、玉米油、花生油、动物肝脏、鸡肉、芝麻、南瓜、西蓝花、杏、玉米、蜂蜜。

多吃维生素E可以美容吗

维生素E能稳定细胞膜的蛋白活性结构，促进肌肉的正常发育及保持肌肤的弹性，令肌肤和身体保持活力；维生素E进入皮肤细胞更能直接帮助肌肤对抗自由基、紫外线和污染物的侵害，防止肌肤因一些慢性或隐性的伤害而失去弹性甚至老化。

对于准妈妈来说，每日摄入足量的维生素E，可以减少妊娠斑、妊娠纹的生长。不过，不能因此就过量摄入维生素E。维生素E每天摄入量不得超过400毫克，若每天超过800毫克则可出现中毒症状。长期（半年以上）每天服用300毫克，也可损害人体健康。

本月重点：妊娠斑与妊娠纹

孕期皮肤问题与营养素

营养素	对皮肤的作用	缺乏对皮肤的影响
蛋白质	保持皮肤的弹性和水分并使之娇嫩	皮肤干燥，严重的会导致胶原纤维无法得到足够的养分，发生断裂，形成妊娠纹
脂肪	使皮肤富有弹性	皮肤松弛，失去弹性
维生素A	保持头发和皮肤的健康，可改善角质化过度，让皮肤保持细腻	皮肤会变得干燥、粗糙，有鳞屑
维生素B_1	改善皮肤粗糙	容易出现脚气病
维生素B_2	保持皮肤新陈代谢正常，使皮肤光洁柔滑，展平褶皱，减退色素，消除斑点	可引起痤疮，甚至皮炎、口角溃疡、口唇炎等
维生素B_6	使皮肤和头发更健康	可引起周围神经炎和皮炎
维生素B_{12}	参与脂肪和糖的代谢，防止皮脂的过剩分泌	皮肤会变得苍白，毛发也变得稀黄，手、足部位色素沉着加重
维生素C	减轻皮肤色素沉着，防止黑色素生成	皮肤干燥、松弛，肤色暗沉、暗黄，容易出现妊娠斑
维生素E	能软化角质，延缓皮肤的衰老	皮肤发干、粗糙、过度老化等（如产生干纹）
铁和锌	摄入充足的铁能使脸色红润，摄入充足的锌能使皮肤光滑有弹性	皮肤干燥、苍白，嘴角容易有裂口

吃什么不长妊娠斑

1.多吃富含维生素C的蔬菜水果，如猕猴桃、白萝卜、荷兰豆、甜椒、小白菜、甘蓝、西蓝花、冬枣等。维生素C能有效抑制皮肤内多巴醌的氧化作用，预防色素沉淀，保持皮肤白皙。

2.可以常吃西红柿、洋葱、大蒜，这三类食物可以合成谷胱甘肽，抑制酪氨酸酶的活性，从而减少色素的形成和沉积。

3.常吃鱼和黄绿色蔬菜，鱼肉含有DHA、EPA，可以促进血液循环，蔬菜含有β胡萝卜素和维生素E，能防止DHA和EPA酸化，最大程度地改善肤色。

4.少吃咸鱼、咸肉、火腿、香肠等腌、腊、熏、炸的食品，少吃姜、辣椒等刺激性食品。

妊娠斑会在产后逐渐消退

妊娠斑的出现是怀孕后孕激素、雌激素水平上升导致皮肤中的黑色素细胞功能增强的结果，产后准妈妈体内的孕激素、雌激素水平下降，黑色素细胞的功能随之减弱，妊娠斑自然会消失，不需要治疗，更不需要担心。

中医活血化瘀、疏肝理气、滋阴补肾等方剂内服，西医使用外用脱色剂除斑，都对妊娠斑有较好的疗效，但是这些治疗都不宜在孕期做，可等到哺乳期过后进行。

妊娠纹会在产后变淡

怀孕后，准妈妈肾上腺分泌的肾上腺皮质激素增加，皮肤弹力纤维和胶原纤维的韧性降低，一旦受到外力牵拉就会出现不同程度的损伤或断裂，于是就出现了妊娠纹。妊娠纹在产后会随着准妈妈体内激素水平的下降而逐渐变淡、变细，颜色也将从显眼的紫红色、粉红色变成白色或银白色。

妊娠纹可在产后通过镭射、脉冲光等整形治疗手段彻底清除，但是这些手术最好等到哺乳期结束再做。

吃什么可以淡化妊娠纹

1.体重增长过速是导致妊娠纹产生最大的推手，可以说增长越快，妊娠纹越深，因此避免体重增长过速，避免皮肤过度拉伸和断裂太严重是预防和减轻妊娠纹的根本。孕中期每个月增长不能超过2千克，最好不要出现体重暴增的现象。建议准妈妈合理安排饮食，含糖分多的甜食和水果最好不吃，谷物类主食少吃，避免热量过剩，都转化成脂肪，变成赘肉。

2.多吃富含胶原蛋白和弹性蛋白的食物。胶原蛋白能使细胞变得丰满，从而使肌肤充盈，减少妊娠纹。富含胶原蛋白和弹性蛋白的食物有猪蹄、动物筋腱和猪皮等，所以日常饮食中，吃猪肉最好带皮一起吃。

3.每天早晚喝两杯脱脂牛奶，吃含纤维丰富的蔬菜、水果和富含维生素C的食物，以此增加细胞膜的通透性和皮肤的新陈代谢功能。

吃出营养力

吃点儿排毒食物，对抗环境污染

海藻类食物	海带、紫菜等其中含有的一种胶质，能促使体内放射物质随同大便一起排出体外
菌类食物	木耳有清洁血液和解毒的功能；蘑菇能帮助排泄体内毒素，促进机体的正常代谢
绿豆汤	绿豆可清热解毒去火，常饮绿豆汤能促进机体正常代谢，排出毒素
鲜榨果蔬汁	新鲜蔬菜、水果都属于碱性食物，未经烹调的菜汁、果汁进入人体消化系统后，会使血液呈碱性，将积聚在细胞中的毒素溶解，再经过排泄系统排出体外
猪血	猪血中的血浆蛋白经过人体胃酸和消化液中的酶分解后，能产生一种解毒和润肠的物质，可与入侵肠道的粉尘、有害金属发生化学反应，易于毒素排出体外

鸡蛋营养好，不宜多吃

鸡蛋中蛋白质丰富，但不容易消化，如果过多食用鸡蛋，会加重肠胃的负担。蛋白质分解后的代谢产物会增加肝脏的负担，在体内代谢后所产生的大量含氮废物，都要通过肾脏排出体外，又会直接加重肾脏的负担，所以过多吃鸡蛋对肝脏和肾脏都不利。

况且人体每天需要的热量是有限度的，鸡蛋热量不低，多吃的鸡蛋所产生的热量人体无法消耗，就会转化为脂肪堆积在体内。鸡蛋吃多了，必然会相应减少其他食物的摄入量，打乱准妈妈的饮食结构，影响营养均衡。

从均衡营养的角度来看，每天吃1~2个鸡蛋就能满足准妈妈的每日所需，过多无益。

挑选新鲜营养鸡蛋的窍门

现在的鸡蛋种类多，名头也多，土鸡蛋、柴鸡蛋、乌鸡蛋、无公害散养鸡蛋、绿色鸡蛋等，让人眼花缭乱。不少鸡蛋进行了精美包装，价格昂贵。但其实就营养价值而言，不同种类鸡蛋之间的差异并不大，各种名头大多都是炒作而已。所以，给准妈妈选鸡蛋的时候没必要专挑贵的买。

选购鸡蛋最重要的是新鲜。先看外壳，鲜蛋的蛋壳表面上附着一层白霜，蛋壳的颜色也比较鲜明，气孔明显。还可以用手轻轻摇动一下鸡蛋，没有水声的是鲜蛋，而有水声的就是陈蛋。不要购买已经破裂的鸡蛋，这些鸡蛋已经被空气中的细菌污染了。

煮鸡蛋最营养

至于鸡蛋的烹调方式，首选是白水煮鸡蛋。白水煮蛋能最好地保存蛋中的营养。炒鸡蛋次之。消化能力差的准妈妈可以吃蛋花汤或者蒸蛋羹。最好不生吃鸡蛋，因为生吃很容易引起寄生虫病、肠道病或食物中毒。

鸡蛋在煮之前应清洗干净，以免煮鸡蛋的过程中蛋壳破裂，脏污、细菌进入鸡蛋内部。煮鸡蛋的时间不宜过长，一般水开后煮8分钟左右鸡蛋就熟透了，可以食用。继续煮反而会造成营养流失，并且在蛋黄外形成一层硫酸亚铁（蛋黄外壳呈青黑色），这是蛋黄中的亚铁离子与蛋白中的硫离子发生化学反应后生成的，很难被人体吸收。

鸡蛋的搭配禁忌

鸡蛋+味精	忌	鸡蛋本身含有与味精相同的成分，不用再加味精，否则会破坏本身的鲜味
鸡蛋+柑橘	忌	柑橘中的过酸会与鸡蛋中的蛋白质发生反应，凝结成块，引起腹泻、腹痛
鸡蛋+豆浆	忌	蛋清中的卵清蛋白会与豆浆中的胰蛋白酶结合，降低二者的营养价值

锁住蔬菜中维生素的窍门

1. 刚买回来的蔬菜，不要着急放进冰箱内，应先洗净后，再以保鲜袋装好，并且在保鲜袋穿一些小孔，然后放在冰箱保鲜层，烹调时取出切炒即可，不必再洗。

2.洗菜时动作要快，不可搓揉或挤压，也不应将菜叶久久浸在水中，否则菜叶部分营养素便会流失掉。

3.老叶、外皮富含维生素，建议不要丢弃，洗干净后切细，放在开水中将维生素A、维生素C及钙、铁质浸出，再利用这些开水煮别的菜或汤，便可获取更多的营养。

4.黄豆、绿豆、红小豆、花生等豆类，在食用时，应连胚带膜食用，因为这部分的B族维生素特别丰富。

5.能生吃的蔬菜，例如胡萝卜、小黄瓜等，尽量生吃，保持原味和营养。

6.要炒的菜，待油开后才下锅，用猛火炒，以缩短烹调的时间，能保持蔬菜原有的色泽和鲜味，最重要的还是它的营养价值。

厨房里的卫生守则

1.食材要尽量选用天然当季品，避免含有食品添加剂、色素和防腐剂的人工产品，如罐装食品、饮料及有包装的方便食品等。

2.必须注意对食材进行细致的清洗，蔬菜水果尽量充分浸泡，用流动水冲洗，能削皮的削皮，有异味的食物，坚决不能吃。

3.肉类一定要加工熟透后再吃，切生肉和要清洗后再切的蔬菜和水果，最好用不同的案板。烧烤类的食物最好不要吃，里面含有致癌物质。

4.刀具应按照用途分类，切生食与熟食的刀具分开，切水果与切蔬菜、肉类的刀具分开。用过的刀具和案板要及时清洗、干燥。如果你接触了生肉、蔬菜，一定要注意清洁自己的双手。

5.尽量用铁制锅或不锈钢锅，不要用铝制的。

吃工作餐怎样保证营养

职场准妈妈可以每天带一些营养食物作为工作餐的补充，如牛奶、酸奶、水果、面包等，也可以自制一些方便携带的营养面点，如自制的鸡蛋饼、面包等，以此来增加营养素的摄入，补充工作午餐中缺乏的营养。

职场准妈妈餐前餐后的饮食建议

饭前30分钟：吃点儿水果	补充午餐中所缺乏的维生素
就餐时：切记少吃油炸食物，不吃太咸的食物	以免造成体内水钠潴留，引起水肿或高血压，其他调味太重的食物，也最好避免
饭后30分钟：喝一杯酸奶	帮助消化，同时增加营养

准妈妈可以吃冷饮吗

准妈妈的胃肠消化功能在怀孕之后降低了，不像孕前那样能承受冰冷食物的刺激，因此孕期不建议准妈妈像往常一样食用冷饮。实在很想吃了，也必须十分节制，一根雪糕足矣。大量食用生冷食物，如雪糕、冰牛奶等，会刺激胃黏膜，引发胃部的不适、疼痛、功能紊乱，甚至得胃炎症，影响准妈妈对营养的吸收，继而影响胎儿的生长发育。

从营养方面来说，雪糕、冰激凌等冷饮通常含较高的脂肪，但营养含量极低，对于本身代谢能力变弱的准妈妈来说，贪吃冷饮的后果很可能是引发肥胖、高血脂等。

更有甚者，贪吃生冷食物还可能引起血管收缩，影响胎盘供血。身体状况不佳的准妈妈若是吃冷饮过多，有可能会诱发宫缩，引起早产。

因此，建议准妈妈不要吃直接从冷冻室、冷藏室取出的食物，最好放到接近室温再食用。少吃雪糕、冰激凌等冷饮。

让油炸食物变健康的小窍门

油炸食物不仅热量高、营养低，还富含反式脂肪酸，是健康的大敌，不宜常吃。准妈妈如果想吃油炸食物，建议通过以下方法自制油炸食物，最大限度地提升油炸食物的健康度。

1.选择稳定性高的油，高温状态下也不容易产生有害物质，营养价值高且稳定性高的花生油就是不错的选择。

2.掌握好油炸的方法，减少油炸时间。首先要控制食物的分量，一次油炸的分量，约为油的表面积之一半，如果分量过多，会使油的温度下降、拉长油炸时间；其次，一份食物炸两次，先炸熟后用漏勺捞起，将油加热再炸一次，这样食物熟得快，炸得酥脆。炸两遍的目的是第一次可先把食物炸熟，第二次炸的时候，不会有"夹生"的问题，就容易把表面炸脆了。

3.吃油炸食品时建议搭配蔬果沙拉。蔬菜和水果富含多种维生素，与油炸食品搭配可确保饮食营养均衡，且可以减少油腻感。

4.吃完油炸食物后可以喝柠檬水去油腻。

哪些中药准妈妈不能吃

中药	巴豆、牵牛、芫花、甘遂、商陆、大戟、水蛭、虻虫、莪术、三棱、大黄、黄芪、芒硝、冬葵子、木通、桃仁、蒲黄、五灵脂、没药、苏木、皂角刺、牛膝、枳实、附子、肉桂、干姜、人参、鹿茸等
中成药	十枣丸、舟车丸、麻仁润肠丸、槟榔四消丸、九制大黄丸、清胃和中丸、香砂养胃丸、大山楂丸、虎骨大瓜丸、活络丸、天麻丸、虎骨追风酒、华陀再造丸、伤湿止痛膏、囊虫丸、驱虫片、化虫丸、利胆排石片、胆石通、结石通、七厘散、小金丹、虎杖片、脑血栓片、云南白药、三七片、六神丸、牛黄解毒丸、败毒膏、消炎解毒丸、祛腐生肌散、疮疡膏、百毒膏、消核膏、白降丹等

均衡营养的一日配餐

早餐
馒头1个（100克）
煮鸡蛋1个（70克）
牛奶1杯（250毫升）
新鲜蔬菜丝1碟（50克）

加餐
早餐后或午餐前1～2小时：苹果1个

午餐
大米饭1碗（150克）
鹌鹑豆腐1碟（200克）
烩白菜三丁1碟（100克）

加餐
午餐后或晚餐前1～2小时：核桃3个（20克）

晚餐
大米饭1碗（150克）
木耳香葱爆河虾1碟（100克）
肝片炒黄瓜1碟（100克）
牛奶100毫升

加餐
晚餐后1小时：全麦面包1片（25克）
临睡前1小时：酸奶100毫升

食疗调养好孕色

减少妊娠斑

双冬
烧菜心

原料：油菜心200克，鲜冬菇50克，冬笋50克。

调料：料酒3克，花椒油2克，植物油、淀粉各适量，盐2克，胡椒粉1克，葱末、姜末各少许。

做法：

1.鲜冬菇洗净，切成片；冬笋洗净，切成片；油菜心洗净，掰开；淀粉加少许水调成水淀粉。

2.锅中倒入适量的油，烧热，下葱末、姜末爆香，倒入料酒和少许清水。

3.水开后下入冬菇片、冬笋片略炒，加盐、胡椒粉，下入油菜心，大火翻炒，用水淀粉勾芡，淋入花椒油，即可出锅。

功效：油菜心富含维生素C，急火快炒和勾芡可以很好地保留住其中的维生素C。

菠萝
炒鸡丁

原料：鸡肉500克，菠萝250克，鸡蛋清1个。

调料：高汤少许，葱段、姜末、盐、水淀粉各适量，鸡精、香油各少许。

做法：

1.鸡肉洗净，切成小丁，放入盐和少许水淀粉、蛋清，搅匀上浆；菠萝去皮，切成小丁；余下的水淀粉加入高汤，调匀备用。

2.锅中倒入适量油，烧至三成热，下入鸡丁，滑至发白，捞出沥油。

3.锅中留底油，烧热，下入葱段、姜末、菠萝、盐炒匀，再下入鸡丁一同翻炒，最后倒入调好的水淀粉，放入鸡精，淋上香油即可。

功效：这道菜色香味俱佳，并且富含蛋白质、多种维生素和矿物质。

增强皮肤弹性

红枣花生烧猪蹄

原料: 猪蹄500克, 带衣花生米50克, 红枣10颗。

调料: 葱段、姜片、料酒、酱油、白糖、盐、植物油各适量。

做法:

1.带衣花生米、红枣洗净, 用清水浸泡; 猪蹄去毛洗净切块, 入沸水中煮四成熟, 捞出, 用酱油拌匀。

2.锅中倒入适量的油, 烧至七八成热, 下入猪蹄块, 炸至金黄色捞出。

3.将猪蹄放入砂锅内, 注入清水, 加入带衣花生米、红枣及料酒、白糖、葱段、姜片、盐大火烧开后转用小火烧至熟烂即成。

功效: 猪蹄富含胶原蛋白, 搭配带衣花生米、红枣, 可以让准妈妈皮肤更有弹性的同时, 肤色也更好更红润。

核桃牛奶饮

原料: 牛奶200克, 核桃仁30克, 黑芝麻20克。

调料: 白糖少许。

做法:

1.将核桃仁、黑芝麻倒入研磨机中打磨成粉。

2.磨好的核桃仁、黑芝麻粉倒入锅中, 加入牛奶, 煮沸后加入白糖即可。

功效: 核桃健脑益智, 富含多种有利于胎儿大脑发育的营养素。

排毒果蔬汁

芹菜
雪梨汁

原料： 新鲜芹菜100克，新鲜雪梨150克，西红柿1个，柠檬半个。

做法：

1.将芹菜洗净，切段；雪梨洗净，去皮，切小块；西红柿洗净，切块；柠檬洗净，去皮，切块。

2.将所有材料一同放入榨汁机中，搅打成汁即可。

功效： 这道果蔬汁汁具有清热解毒，滋润润肤，利肠通便的功效。

西红柿
西瓜汁

原料： 西瓜200克，西红柿2个，白糖适量。

做法：

1.将西瓜去皮，切成块；西红柿洗净，稍烫一下去皮，切小块。

2.西瓜和西红柿分别放入榨汁机中榨成汁，并分别倒入杯中。

3.取干净杯子，先放入西瓜汁，加入白糖，搅拌均匀，再加入西红柿汁拌匀即可。

功效： 这道蔬果汁非常适合准妈妈在夏季食用，能补水解热，清暑解渴。

补钙预防腿抽筋

海带栗子
排骨汤

原料：排骨500克，海带200克，去皮熟栗100克。

调料：姜3片，料酒1小匙，盐各少许。

做法：

1.海带洗净后切段。

2.锅内放适量水烧开，放入排骨焯去血沫，捞出备用。

2.砂锅内放入排骨、姜片，加足量热水，大火煮沸后转小火炖半小时，再放入海带，煮沸后转小火炖至排骨肉酥烂、海带软烂，最后加入盐调味即可。

功效：排骨钙含量丰富，配以各种蔬菜则令整道菜富含多种维生素和矿物质，营养非常丰富，能满足准妈妈的营养需求。

木耳香葱
爆河虾

原料：小河虾350克，木耳、香葱段各200克。

调料：盐、鸡精、香油、植物油各少许。

做法：

1.小河虾汆烫；香葱段洗净；木耳择洗干净。

2.油锅烧热、爆香葱段，加小河虾、木耳及盐、鸡精等调味炒匀，淋香油即成。

功效：木耳含有丰富的钙和磷，小河虾含有丰富的维生素D，三者共同作用，可保健骨骼和牙齿，预防缺钙引起的腿抽筋。

自制解馋零食

炸南瓜饼

原料：南瓜、糯米粉各250克，豆沙馅50克，奶粉25克。

调料：白糖40克。

做法：

1.将南瓜去皮洗净切片，上笼蒸酥，趁热加糯米粉、奶粉、白糖、植物油拌匀，揉和成南瓜饼皮坯。

2.豆沙搓成圆的馅心，包入南瓜饼坯里，压成圆饼。

3.锅中加入适量油，烧热，把南瓜饼放在漏勺内，入油中用小火浸炸，至南瓜饼膨胀，捞出，待油温再次上升，再下入南瓜饼复炸，至发脆时即可。

功效：南瓜的营养极为丰富，准妈妈常吃南瓜，能促进胎儿的脑细胞发育，增强其活力。这款点心香酥可口，热量也较高，体重增幅较大的准妈妈建议少吃。

西瓜西米露

原料：西米250克，西瓜200克。

做法：

1.洗净西米，放入开水锅中煮到半透明时，捞出西米用凉水浸泡。

2.再煮开一锅水，放入凉水浸泡过的西米，煮到完全透明，倒掉煮过的水，将西米晾凉待用。

3.西瓜洗净，去皮去子，用榨汁机榨成汁，倒入西米中即可。

功效：西米性温，可健脾、补肺、化痰。

孕6月

注意预防孕期贫血

孕21~24周的胎儿和准妈妈

第21周的胎宝宝

现在，胎儿身体的基本构造进入最后完成阶段，从外观上看，鼻子、眼睛、眉毛、耳朵、嘴巴都各就各位，形状已经完整，整个身体看上去也非常协调。

胎儿的身上覆盖了一层白色、滑腻的胎脂，滑溜溜的。这层胎脂可以保护胎儿的皮肤，以免在羊水的长期浸泡下受到损害。不少宝宝在出生时身上都还残留着这些白色的胎脂。有意思的是，胎儿的味觉器官正逐步完善，味蕾已经形成了，所以胎儿现在也能有味觉了，准妈妈应注意不要偏食，多品尝各种食物的味道，这对宝宝出生后形成不偏食的饮食习惯有一定的帮助。

为了使声音能够被更好地传导，胎宝宝的中耳骨开始硬化，现在他的听力已经达到一定的水平。吸吮拇指是胎儿喜欢的游戏，幸运的话，照B超的时候也许可以看到胎儿吸吮拇指的可爱模样。

第22周的胎宝宝

胎儿的身体现在已经比例协调，但是因为脂肪较少，全身皮肤红而多皱，所以整个身体显得皱皱巴巴，像一个小老头。只有等胎儿体重上升到一定程度，皮下脂肪才会将皮肤绷紧，让胎儿呈现出圆润光滑的可爱模样。对于现在的胎儿来说，最重要的任务就是从准妈妈那里摄取丰富的营养，增加体重，并使身体各器官发育得更完善！

这个阶段，胎儿逐步变成有意识、有感觉、有反应的人了。如果他正在睡梦中，大的声音会把他吵醒。当他醒着时，就像是个小运动健将，平均一个小时要动50次，差不多是一分钟就要动一次，如果听到喜欢的音乐，他会变得更加活跃。他喜欢听来自外界的音乐、谈话，特别是准妈妈温柔的声音。

为了适应子宫外的生活，胎儿开始用胸部做呼吸运动了。

第23周的胎宝宝

这周的胎儿身长大约20厘米，体重大约455克。由于皮下脂肪尚未完全产生，皮肤呈现半透明，透过皮肤可以清晰看到毛细血管，血管的红色使整个身体都呈现出红色。另外，他肺部的血管也正在形成，呼吸系统正在快速建立，呼吸能力在不断的吞咽锻炼中进一步增强。

胎儿的视觉能力也在进步，视网膜逐渐形成，具有了微弱的视力，可以模糊地看见东西。准妈妈可以多吃一些含维生素A丰富的食物，帮助胎儿视力发育。

现在胎儿的心跳每分钟有120~160次，非常有力，如果准妈妈的腹壁较薄，直接将耳朵紧紧贴着腹部，就可以比较清晰地听到胎心搏动。

这时的胎动次数增加，也更加明显。准妈妈或者准爸爸可以和胎宝宝做做游戏，当胎动出现时，一边说话一边抚摸他。

第24周的胎宝宝

胎宝宝的体重虽然增加了不少，但仍然显得很瘦，不过他的身体正在协调生长，很快也会增加更多的脂肪，为身体盖上一层"小棉被"。

胎儿肺部血管更加丰富，胎儿的肺里面，"负责分泌表面活性剂"（一种有助于肺部肺泡更易膨胀的物质）的肺部细胞也正在发育。如果胎儿在此时出生，在医生精心照料下他不是完全没有可能存活的，但存活的可能性较小。大脑发育进入了成熟期，其功能也进一步发展，对听觉、视觉系统接收到的信号都有了意识。

胎儿还学会了咳嗽，如果准妈妈感觉到腹中像有什么东西在震动一样，那可能正是小胎儿在咳嗽呢。

准妈妈的变化

变化	准妈妈的变化	保健建议
看得见的外在变化	变得丰满起来，真正像个孕妇了	准妈妈进入体重快速增长期，每周可增加350克左右。建议准妈妈适当安排饮食，避免增重过快
	下腹部看起来明显隆起	这个月腹围的增长速度为整个怀孕期间最快的阶段，子宫进一步增大，可达脐上两指，宫底高22～25厘米，使得下腹部看起来明显隆起
	乳房继续发育，乳腺发达，可出现泌乳现象	注意保持乳房的清洁，建议每天用温水清洗乳头
看不见的体内变化	身体的重心发生了变化	突出的腹部使重心前移，为了保持平衡，准妈妈得挺起肚子走路。建议不要穿高跟鞋
	变得爱出汗了	怀孕后，基础代谢率增高约20%，这使得准妈妈更容易出汗。也不要贪凉穿穿过于单薄，孕期适当保暖还是必要的，只要不出汗就可以
	手指、脚趾和全身关节韧带变得松弛	这是孕激素的作用导致的，会使准妈妈觉得有些不舒服，但属于正常现象
	会出现心悸、气短、胃部胀满感、腹部下坠、尿频、便秘等症状	这是由于增大的子宫适应了快速生长的胎儿的需要，进而压迫到周围的组织和器官造成的
微妙的情绪变化	正处于最舒适的孕中期，心情平稳	这会儿准妈妈的肚子已经比较明显，但行动仍很敏捷，身心舒适，可以考虑做个短途旅行，或者拍些孕期写真

重点营养素——铁

孕期血容量增加，易缺铁

　　铁是构成血红蛋白和肌红蛋白的原料，参与氧的运输，在红细胞生长发育过程中构成细胞色素和含铁酶，参与能量代谢。成年人每天铁的需要量为1～2毫升。男性每天1毫升即够，生育年龄的妇女及生长发育的青少年对铁的需要量增多，应为每天1.5～2毫升。只要膳食中铁含量丰富而且体内储存铁量充足，一般极少会发生缺铁。

　　进入孕中期之后，为了满足自身和胎儿发育需要，准妈妈的血容量会大大增加。到孕晚期，血容量增加更多，整个孕期大约会增加1500毫升的血容量。但是，血浆并不会增加，红细胞不能按照相同的比例增加，也就是说血液被稀释了，红细胞明显不足，而铁元素是构成红细胞的主要原料，所以孕期对铁的需求量非常大。进入孕中期之后，准妈妈平均每天应摄入2.5毫克铁，铁供应不足就容易发生缺铁性贫血。

富含铁的食物

　　含铁丰富的食物有很多，动物性食物如肝脏、生蚝、蛤蜊等，植物性食物如扁豆、豌豆、海带、紫菜、木耳、南瓜等，都含丰富的铁。但食物含铁丰富不等于真的能补铁，因为不少食物中的铁都不容易被人体吸收。概括地说，植物性食物中的铁的吸收率就远低于动物性食物。因此，补铁食物应优先选择动物性食物。

猪肝	每100克猪肝含铁约29.1毫克	含铁量高且吸收率好，容易进食和消化
鸡蛋黄	每100克鸡蛋黄含铁约7毫克	食用保存方便，各种营养价值较高，但铁吸收率较低
全血（血豆腐）	每100克猪血含铁约260毫克	含铁量更高，吸收率高
黑木耳	每100克黑木耳里含铁约98毫克	吸收率相比之下较低

怎样从食物中摄入更多的铁

1.补铁的同时要注意补充维生素C。维生素C可以促进人体对铁的吸收——维生素C可帮助三价铁转化为更容易被人体吸收的二价铁，如果将富含维生素C的食物与富含铁的食物搭配食用，就可以提高铁的吸收利用率。

2.多吃高蛋白食物，高蛋白饮食可促进铁的吸收，也是合成血红蛋白的必需物质，如肉类、鱼类、禽蛋等。

3.多吃含钙高的食物。钙可以降低磷对铁吸收的不利影响，有助于提高铁的吸收率。含钙高的食物有：虾皮、鸡蛋、豆制品、紫菜等。但是要注意，因为同时摄取高量的钙质会抑制身体对铁的吸收，准妈妈最好错开补钙和补铁的时间，可以利用早餐时摄取所需的钙质，而午餐、晚餐就以摄取铁质为主。

"补铁之王"猪肝的食用窍门

猪肝是动物性食物中含铁丰富的食物之一。但猪肝作为解毒器官，容易残留各种有毒物质，因此在选购、清洗和烹调上都需讲究。

1.好的猪肝表面有光泽，颜色紫红均匀，用手触摸时有弹性，无硬块、水肿、浓肿。如果表面有小白点，触摸时有水肿或硬块，则是不好的猪肝。

2.把猪肝用流动水冲洗几遍，然后放在水中浸泡30分钟，把里边的残血浸泡出来，再洗净，剥除表面的薄膜。

3.猪肝最好现切现做，以防止营养流失。切好后用调料和淀粉腌制一下。烹调时间不少于5分钟，直到猪肝完全变成灰褐色，看不到血丝。

4.猪肝虽然营养丰富，但胆固醇含量也很高，100克猪肝的胆固醇含量将近400毫克，因此一次食用量不宜过多，一般建议每天食用50克左右，每周吃1～2次即可。

准妈妈贫血自检自查

☐　面色萎黄或苍白，倦怠乏力

☐　食欲减退，恶心嗳气，腹胀腹泻，吞咽困难

☐　头晕耳鸣，甚则晕厥，稍活动即感气急，心悸不适

☐　患有口角炎、舌乳突萎缩、舌炎

☐　有匙状指甲（反甲）

如果准妈妈有以上症状，建议去医院检查是否有缺铁性贫血。

妊娠期贫血是一个常见的问题，贫血不仅影响准妈妈自身的健康，更重要的是使胎儿的生长发育受到影响，一定要注意采取防治对策。

有轻微的贫血并不会对胎宝宝产生重大影响，因为母体总是先把铁供给胎儿，即使自己已经缺铁，也有源源不断的铁输送到胎盘，供给胎儿，除非缺铁非常严重，实在不能保证胎儿需要，才会影响到他的发育。缺铁性贫血很容易治疗，只需要补充足够的铁质就会慢慢痊愈，准妈妈不用过于担心。

是否需要口服补铁剂

如果缺铁严重的话，仅仅靠食补很难满足需求，这个时候，准妈妈不妨采取服用药剂的补铁方法，但是不要盲目乱补，应先检测，然后在医生的指导下进行补铁。

世界卫生组织推荐，准妈妈可自怀孕起每周服1次补充铁剂，按每千克体重1毫克的量来补充即可，直至产后哺乳时停止；如果在服用药剂时已患缺铁性贫血，则可多增加一倍的量，每周1次，连服12周后改为正常量。准妈妈注意，补充铁剂千万不要过量，因为过量的铁会影响锌的吸收利用，同时还有其他副作用。

补铁剂不能和哪些食物一起吃

1.补铁剂不能和富含鞣酸的食物如浓茶、咖啡一起食用，否则会不利于铁的吸收，其中的鞣酸极易和铁发生化学反应，生成不溶性的铁质沉淀，妨碍铁的吸收。

2.粗粮不能和补充铁的食物或药物一起吃，最好间隔40分钟左右。因为人体摄入过多膳食纤维，会影响对微量元素的吸收。例如，如果把燕麦片和补铁剂一起吃，就会影响铁的吸收。

很多准妈妈在服用医生开的补铁剂后拉黑便，这是正常现象，停药后即可恢复。另外，准妈妈在服含铁片或者胶囊后可能会引起便秘，如果不是很严重，也不用担心。如果出现胃痛的现象，可以尝试口服液态铁剂，这对胃的刺激相对小些。

本月重点：减轻孕期便秘

测一测是否便秘

怀孕后，由于胃肠蠕动变慢、子宫增大压迫直肠等原因，大多数准妈妈会出现便秘。

☐ 排便费力（至少每4次排便中有1次）

☐ 排便为块状或硬便（至少每4次排便中有1次）

☐ 有排便不尽感（至少每4次排便中有1次）

☐ 有肛门直肠梗阻和（或）阻塞感（至少每4次排便中有1次）

☐ 需用手协助排便（如手指辅助排便，盆底支撑排便）

☐ 排便少于每周3次

只要准妈妈出现了上述2个以上症状，就属于便秘了。

多吃果蔬、粗粮可以缓解便秘

在饮食中注意多摄入膳食纤维，可以促进肠道蠕动，减轻胀气和便秘——膳食纤维有很强的吸水能力或与水结合的能力，可使肠道中粪便的体积增大，促进肠道蠕动。

膳食纤维是一种不能被人体消化的碳水化合物，可分为可溶性膳食纤维和不溶性膳食纤维两类。可溶性膳食纤维多存在于豆类及水果中；不溶性膳食纤维多存在于全谷类及一些多纤维的蔬菜中（如芹菜）。不管膳食纤维可溶或不可溶，对此期的准妈妈来说都大有益处。

便秘的准妈妈应多喝水

大便秘结与粪便干燥有关。在增加膳食纤维摄入的同时多喝水，补充足够水分，可以更好地软化粪便，缓解便秘。

常吃辣椒会加重便秘

偶尔、少量地吃点儿辣椒，对准妈妈的身体并不会产生什么影响，尤其是孕前经常吃辣的准妈妈，怀孕之后也并不一定需要忌口辣椒。但容易便秘的准妈妈，却不宜多吃辣椒。辣椒中含有的辣椒素会刺激口腔到肛门的整个消化道，加重充血和炎症，身体火气较大、湿热偏重，有便秘、痔疮的准妈妈，吃辣椒等辛辣食物后会引发或加重肛门坠胀、排便不畅的症状，所以应当尽量减少食用。

香辛调味料不宜多吃

花椒、八角、桂皮、五香粉等调料都有开胃的作用，但属于热性调料，对肠胃的刺激大，容易引起肠道不适感：香辛调料容易消耗肠道水分，使肠道分泌液减少而造成肠道干燥和便秘。孕期运动量小，使得肠胃蠕动变慢，本来就比未孕者容易出现便秘，如果再多吃这些调料，便秘只会越来越严重。此外，香辛调料刺激性大，容易刺激肠胃，引起胃部灼热难受。肠胃不好的准妈妈最好少吃或不吃，如果属于前置胎盘的情况则应完全禁止食用。

其他会加重便秘的食物

山药	性偏温热，吃多了加重便秘
生的香蕉	没有熟透的香蕉含较多鞣酸，对消化道有收敛作用，会抑制胃肠蠕动
柿子	含有较多的鞣酸，具有收敛作用，吃多了会加重便秘
乌梅	含有较多的鞣酸，具有收敛作用，吃多了会加重便秘
苹果	含有较多的鞣酸，具有收敛作用，吃多了会加重便秘
茶	茶有收敛作用，喝多了会加重便秘

减轻便秘的食物

红薯	红薯含丰富的碳水化合物和膳食纤维，准妈妈食用红薯可以帮助顺肠通便
玉米	玉米中膳食纤维的含量很高，具有刺激胃肠蠕动、加速粪便排泄的特性，可帮助准妈妈防治便秘 玉米中含有维生素E，准妈妈常吃可以健脑益智
圆白菜	圆白菜含有丰富的食物纤维，准妈妈经常食用圆白菜，不但能顺肠通便，还能补充大量维生素C
豇豆	豇豆提供了易于消化吸收的优质蛋白质，适量的碳水化合物及多种维生素、微量元素等，可以帮助促进肠道蠕动，防止便秘并提高准妈妈的身体免疫力
红小豆	红小豆含有较多的膳食纤维，可以防止准妈妈便秘
蜂蜜	蜂蜜具有非常好的解毒、润燥、润肠通便之功效，常饮用可治疗便秘
坚果	坚果具有非常好的润肠通便的作用，可帮助身体排出体内多余的废物，起到养身保健的作用
酸奶	酸奶能促进肠道内有益菌——乳酸杆菌的增殖，并且可抑制肠道内有害菌的繁殖，因此具有保护肠道黏膜、恢复肠道正常功能的作用
香油	因为油脂有润滑作用，所以香油能够有效帮助改善便秘
梨	多吃梨可以保持排便通畅，梨可以减轻痔疮术后的瘀血扩张，是痔疮患者做了手术后的首选食品

吃出营养力

嗜辣的习惯必须得改吗

一般情况下，都会建议准妈妈在孕期少吃辛辣食物。这对于习惯吃辣、嗜辣如命的准妈妈来说实在是个挑战。其实，如果准妈妈一直吃辣椒，孕期少吃一点儿也没有多大关系。但要注意不能像孕前那样大吃特吃了，因为怀孕增加了你的身体负担，吃太多辛辣刺激的食物，容易引起消化不良、便秘、痔疮等症状，导致身体不舒畅，孕期也会更辛苦。

也有一些实例说明，准妈妈进食过多辛辣食物会增加宝宝出生后患湿疹的概率。这并不绝对，也有很多准妈妈孕期一直吃辣，但宝宝出生之后皮肤很好。不过，即使只从饮食健康的角度出发，也要建议准妈妈节制口味重的饮食，清淡的饮食习惯会减轻准妈妈的身体负担，减少后期各种不适的程度。何乐而不为！

为准妈妈挑选健康零食的标准

标准一：以卫生、健康为第一守则。高糖、高油、高脂类零食应被排除在准妈妈的零食清单之外。即使特别馋，也要少吃。这类食物大多不容易消化，吃了会加重准妈妈的肠胃负担。

标准二：所含添加剂越少越好。现在正规的食品包装上都会标注所含的添加剂、色素，这些添加剂虽然短期内并不会对准妈妈和胎儿产生影响，但长期累积之后，必定对健康不利。

标准三：尽量少吃口味重、刺激性的零食。比如冰棍、超辣的泡椒凤爪、特咸的罐头鱼等，多吃影响口腔和牙齿健康，刺激肠胃，可能加重多种孕期不适。

标准四：少吃没有什么营养的零食，如果冻、膨化食品（虾条等），这些零食虽然口味很好，但其实大多都是各种添加剂制成的，所含营养很少，吃了对身体没有什么益处，反而容易影响正常进食。

多吃海参、燕窝有好处吗

海参作为海产品，蛋白质质量较优，脂肪含量低，这是海产品的共性，想吃也可以，但最好不要把它的功效想得太神奇，当作一般食物，每周吃1次即可。

有些说法认为，吃燕窝可以让准妈妈保持皮肤白皙，不长妊娠斑，并且能让孩子以后的皮肤好，但是目前没有证据表明燕窝的确有这样的功效。另外，燕窝的营养价值并不像传说中的那么高，其蛋白质中所含人体必需的氨基酸只有一种，维生素含量也并不比其他水果更高。所以没有非吃不可的理由，如果吃，就把它当作一般食物即可，每周吃2～3次，总量6～8克即可。

准妈妈不要随意服用中药补品

中医讲究对症治疗，终极目标是把人体调节到中庸状态，不偏不倚，就补养来说，还分为气虚、血虚，寒性体质和热性体质的人在补养气虚、血虚时用的补品也是不同的，其间变化精微，不是三言两语能够说清楚的，而准妈妈很难准确确定自己是什么体质，在哪个方面虚弱，所以能不能吃中药补品是不能一概而论的。比如人参，如果准妈妈气虚，吃人参就有安胎效果，但是人参性热，一般人怀孕后体质都偏热，再吃人参会加重内热，反而容易导致胎儿躁动不安。

"是药三分毒"。在需要的情况下是药，不需要的情况下强行摄入就是毒了，所以建议没有特别不适的情况不要轻易尝试。如果确实感觉自己身体虚弱，需要补养，一定要到正规医院找中医诊治调理。

适量运动会让准妈妈食欲更好

保持一定量的运动，可以刺激肠胃蠕动，促进消化，帮助准妈妈提振食欲，并可减少孕期各种不适的发生概率，对产后恢复也很有好处。孕期不宜做剧烈运动和无氧运动，比如跳绳、快跑等。准妈妈适合做一些轻松的运动，如孕妇操、散步、爬楼梯等。如果想游泳，应去卫生消毒达标的泳池，避免交叉感染；如果想练瑜伽，应该由专业的瑜伽教练进行指导，以免受伤；如果跳一些并不剧烈的舞蹈也没问题。

干点儿轻松的家务活也是不错的运动方式。千万别因为怀孕就要躺着不动，这对自然分娩不利。每天的运动时间不超过半小时，以运动之后不会感觉劳累为好。

准妈妈运动前后的饮食宜忌

1.不要在饭后1小时内做瑜伽、游泳等运动，否则容易感到疲劳，也会影响消化系统正常工作。即使是散步，也建议在饭后半小时后再进行。不建议饭后就躺着或者窝在沙发上，这样不利于食物消化。

2.注意及时补水。运动会增加出汗，导致水分流失，准妈妈在运动前后要注意补水。一般来说，1小时运动需要补充大约500毫升的水分，这不是说准妈妈应该在运动前或者运动后一次补充这么多，而是从开始运动前，每间隔15~20分钟就补充点儿水分。

3.控制好运动时间。身体健康的准妈妈如果能每天保持30~60分钟的运动量，是十分有益的。这个运动量一般并不需要准妈妈再额外增加饮食。

每天吃50克左右粗粮更健康

粗粮中的膳食纤维丰富，维生素、矿物质也比精细粮含量多，搭配吃一些可作为有益的营养补充。《中国居民膳食指南》中建议，粗粮每人每天可吃50克以上，但是考虑到准妈妈的胃肠消化能力较弱，最好控制在每天50克以内，不要超量。

建议准妈妈不要在晚餐或睡前吃粗粮，因为粗粮不易消化，晚上肠胃消化能力又相对下降，吃粗粮会加重消化负担，影响准妈妈的睡眠。

吃粗粮后若感到不舒服，可以多喝些水，帮助消化。因为粗粮中含有大量膳食纤维，这些膳食纤维进入肠道，如果没有充足的水分配合，肠道的蠕动容易受到影响，进而影响消化，引起不适。一般多吃1倍膳食纤维，就要多喝1倍水。

粗粮掺到细粮中做，更可口

有些准妈妈不爱吃粗粮，怎么办？也好办。可以在煮粥或米饭的时候，直接放点儿粗粮，如玉米、红小豆之类的（豆类、燕麦、糙米等都难煮，如与大米同煮，应事先浸泡）。或者在做菜的时候，让粗粮也入菜，增加粗粮的美味度，准妈妈就会渐渐习惯粗粮的（粗粮与肉类搭配可相得益彰，互相补充对方缺乏的营养）。

家中如果有豆浆机，可以把多种粗粮一起放入打成米糊，再调点儿蜂蜜，就容易入口了。也可以直接购买各种粗粮制成的粉，调成糊食用。

只要多动动脑筋，改变一下烹调方式，不爱吃粗粮的准妈妈也可以轻松吃上粗粮。

均衡营养的一日配餐

早餐	馒头1个（100克） 煮鸡蛋1个（70克） 牛奶1杯（250毫升） 新鲜蔬菜丝1碟（50克）
加餐	早餐后或午餐前1~2小时：苹果1个
午餐	大米饭1碗（150克） 鹌鹑豆腐1碟（200克） 烩白菜三丁1碟（100克）
加餐	午餐后或晚餐前1~2小时：核桃3个（20克）
晚餐	大米饭1碗（150克） 木耳香葱爆河虾1碟（100克） 肝片炒黄瓜1碟（100克） 牛奶100毫升
加餐	晚餐后1小时：全麦面包1片（25克） 临睡前1小时：酸奶100毫升

食疗调养好孕色

缓解便秘

烩三丁

原料：嫩白菜帮300克，水发香菇100克，猪肉50克。

调料：水淀粉、高汤、盐、香油、酱油、葱花、姜片、料酒、植物油各适量。

做法：

1.嫩白菜帮、水发香菇、猪肉洗净均切成丁。

2.肉丁加适量食盐拌匀，用水淀粉浆过后入油锅滑透，捞出；香菇丁入沸水氽烫捞出。

3.起锅热油，放葱花、姜片炝锅，加白菜帮丁爆炒至七成熟，倒出。

4.锅内加高汤烧开，放入香菇丁、肉丁、白菜帮丁，加盐、酱油煮沸后用水淀粉勾芡，淋入香油即可。

功效：含有大量的膳食纤维，是一道营养丰富又利于通便的菜。

胡麻油什锦菜

原料：木耳100克，白菜150克，平菇30克，胡萝卜、青椒各10克。

调料：胡麻油、葱丝、姜丝、蒜片、盐、鸡精各适量。

做法：

1.将白菜、胡萝卜、青椒分别切片，木耳用水泡开后洗净，与平菇分别用手撕成小块。

2.锅内倒胡麻油烧热，煸香葱丝、姜丝、蒜片，依次加入白菜片、平菇块、木耳块、胡萝卜块、青椒块炒熟。

3.加入盐、鸡精调味即可。

功效：胡麻油的特殊香味及不油腻的特性，可使准妈妈胃口大开。各类蔬菜富含膳食纤维，可润肠通便。

翡翠扒三菇

原料：草菇150克，平菇、香菇各100克，青菜心50克。

调料：高汤、料酒、水淀粉、盐各适量，香油、鸡精、生姜汁各少许。

做法：

1.草菇、平菇、香菇均洗净，平菇、香菇去蒂，香菇在顶部划十字刀花；将三者一起放入沸水中略焯，捞出，沥干水分；青菜心洗净，切成段，入沸水中略烫，捞出。

2.锅中倒入适量油烧热，下入草菇、平菇、香菇，加料酒、生姜汁和高汤烧沸。

3.加盐、鸡精烧入味，放入青菜心烧片刻，用水淀粉勾芡，淋上香油即可。

功效：这道菜鲜香爽口，还有通便清肠的作用，能帮助素食妈妈维持良好的胃肠功能。

补铁防贫血

原料：黄瓜100克，猪肝150克，水发木耳10克。

调料：葱末、姜末、蒜末各少许，酱油、盐、淀粉、植物油各适量，白糖少许。

做法：

1.猪肝洗净切成薄片，加淀粉、盐浆匀；黄瓜洗净切成片；木耳洗净撕成小块。

2.锅中倒油烧热，倒入肝片，炒至八成熟时捞出沥净油。

3.另起锅热油，爆香葱末、姜末、蒜末，倒入黄瓜片、木耳块稍微炒几下，加入猪肝片，倒入酱油、盐、白糖，炒匀即可出锅。

功效：猪肝富含铁质，可以帮助准妈妈预防缺铁性贫血。

原料：油菜200克，猪肝100克。

调料：酱油1大匙，盐、料酒、植物油各适量。

做法：

1.将猪肝洗净，用清水浸泡并多次漂洗后捞出切成薄片，用酱油、料酒腌制片刻；油菜洗净切成段，梗、叶分别放置。

2.起锅热油，放入猪肝块快炒后盛出备用。另起锅热油，先炒油菜梗，随后下油菜叶，炒至半熟，放入猪肝块，加适量酱油、料酒、盐用旺火快炒匀即成。

功效：常吃猪肝对妊娠缺铁性贫血、妊娠水肿都有显著疗效，但如果不能保证猪肝的来源，准妈妈需要减少猪肝的食用次数和食用量。

原料：鱿鱼300克，干木耳10克，胡萝卜50克。

调料：盐3克，料酒10克，酱油10克，芝麻5克，植物油适量。

做法：

1.木耳用清水浸软，洗净，撕成小片；胡萝卜洗净切成丝。

2.鱿鱼洗净，在背上斜刀切花纹，入沸水中稍焯一下，沥干水分，加入盐、料酒、酱油腌制一会儿。

3.炒锅置火上，放入适量油，放入胡萝卜丝、木耳片、鱿鱼炒匀装盘，撒上芝麻即可。

功效：木耳的铁、钙含量都比肉类多，鱿鱼也富含蛋白质、钙、磷、铁，二者搭配食用，对准妈妈缺铁性贫血有较好的辅助治疗作用。

补钙依然是重点

蛋黄奶香粥

原料：新鲜鸡蛋1个，大米50克，牛奶60毫升（或配方奶粉1小勺）。

调料：盐少许。

做法：

1.将大米淘洗干净，用冷水浸泡1~2小时。

2.将鸡蛋洗干净，煮熟，取出蛋黄，压成泥备用。

3.将大米连水倒入锅里，先用大火烧开，再小火煮20分钟左右。

4.加入蛋黄泥，用小火煮2~3分钟，边煮边搅拌，加入牛奶（或配方奶粉）调匀，加入盐调味即可。

功效：牛奶中含有丰富的钙，蛋黄中含有一定量的维生素D，二者搭配能够有效地提高钙的吸收率。

炝瓜条海米

原料：黄瓜300克，海米30克。

调料：盐6克，花椒2克，姜丝少许，植物油适量。

做法：

1.将黄瓜去蒂，洗净，切成条，加3克盐腌制几分钟，将腌出的水分沥干。

2.锅中倒入适量的油，烧热，下入花椒，炸至花椒稍糊，捞出花椒，油备用。

3.将海米、盐、姜丝放入黄瓜条中，浇入热花椒油，调拌均匀即可。

功效：海米富含钙质，黄瓜中含有胡萝卜素，可以补充钙质，还具有预防便秘及水肿的功效。

豆腐山药猪血汤

原料：猪血、豆腐各200克，山药100克。

调料：姜、葱、香油少许，盐、鸡精各适量。

做法：

1.将猪血和豆腐切块，山药去皮，洗净切片，姜洗净切末，葱洗净后切成葱花。

2.将锅置火上，加入水、山药片、姜末和盐，待水开后5分钟再加入豆腐块和猪血块。

3.20分钟后加入葱花、鸡精、香油，煮3分钟即可。

功效：豆腐富含钙质、蛋白质，山药能够供给人体大量的黏液蛋白质，猪血含铁丰富，孕中期的准妈妈常喝此汤，可补铁补钙。

减轻孕期水肿

原料：鲤鱼1条，冬瓜200克。

调料：盐、料酒各3克，植物油适量。

做法：

1.鲤鱼去鳞和腮，洗净；冬瓜去皮，洗净切块。

2.锅内加入植物油烧热，放入鲤鱼，将鱼两面稍微煎一下，随后注入清水（以刚没过鱼身为宜）。

3.将冬瓜块放入锅中，调入料酒，大火煮开后用小火煮10分钟左右，待汤浓白后调入盐即可。

功效：鲤鱼含有丰富的优质蛋白质，钠的含量很低，因而具有很好的利水消肿效果。

原料：萝卜300克，海带100克，鸡肉丝适量。

调料：盐、醋、胡椒粉、酱油各少许。

做法：

1.将萝卜削皮切成小块；海带洗净，切成片；鸡肉洗净，入沸水锅中余烫后取出，切丝。

2.将萝卜块、海带片一同放入锅中，加适量清水，同煮成汤，在汤中加少许盐、醋，再加鸡肉丝、胡椒粉、酱油即可。

功效：萝卜具有清热解毒、健胃消食、利水消肿的作用，海带具有降脂降压的作用，二者合用具有软坚化痰、健胃止咳、清热利尿的功效。

原料：冬瓜250克，香菇（鲜）50克。

调料：陈皮25克，姜2片，高汤、盐、白糖、香油各适量。

做法：

1.冬瓜去皮切成马蹄形，在沸水中稍煮，捞出浸冷沥干。

2.陈皮浸软，除去果皮瓤；香菇去蒂浸软洗净。

3.把香菇、冬瓜、陈皮、姜片放入锅内，倒入适量高汤煮沸，再盛入炖盅内，盖上盖子，放入蒸笼蒸约1小时，最后加入盐、白糖、香油调味即可。

功效：这道汤可健脾和胃、利尿消肿，水肿的准妈妈可以适当饮食此汤。

缓解失眠症状

小米粥

原料：新鲜小米。

调料：冰糖适量。

做法：

1.小米淘洗干净。

2.锅中放足量水，不可中途加水，烧开。

3.加入小米，搅一下锅，防止粘底，熬至小米开花状时，加冰糖稍煮即可。

功效：小米富含色氨酸，每百克小米含色氨酸高达202毫克，色氨酸有助于睡眠，适量食用小米粥对治疗孕期失眠很有帮助。

百合炖雪梨

原料：梨2个，百合(干)20克。

调料：冰糖适量。

做法：

1.雪梨去核，洗净连皮切片；百合用清水浸泡30分钟，放到滚水中煮3分钟，取出沥干水。

2.锅中加适量清水煮沸，放入雪梨、百合、冰糖，用小火炖约半小时即可。

功效：百合、雪梨养阴生津、清热去燥，对缓解胃灼热有较好的功效。梨还具有安神功效，怀孕中的准妈妈食用可减轻脚部水肿，安宁精神，让睡眠平稳。

百合莲藕汤

原料：鲜百合100克，莲藕100克，梨1个。

调料：盐少许。

做法：

1.将鲜百合洗净，撕成小片状；莲藕洗净去节，切成小块，煮约10分钟；梨切成小块。

2.将梨与莲藕放入清水中煲2小时。

3.加入鲜百合片，煮约10分钟，最后放入盐调味即可。

功效：百合、莲藕均有养心安神的作用，准妈妈服用不仅可令睡眠稳定，还有美容养颜的功效。

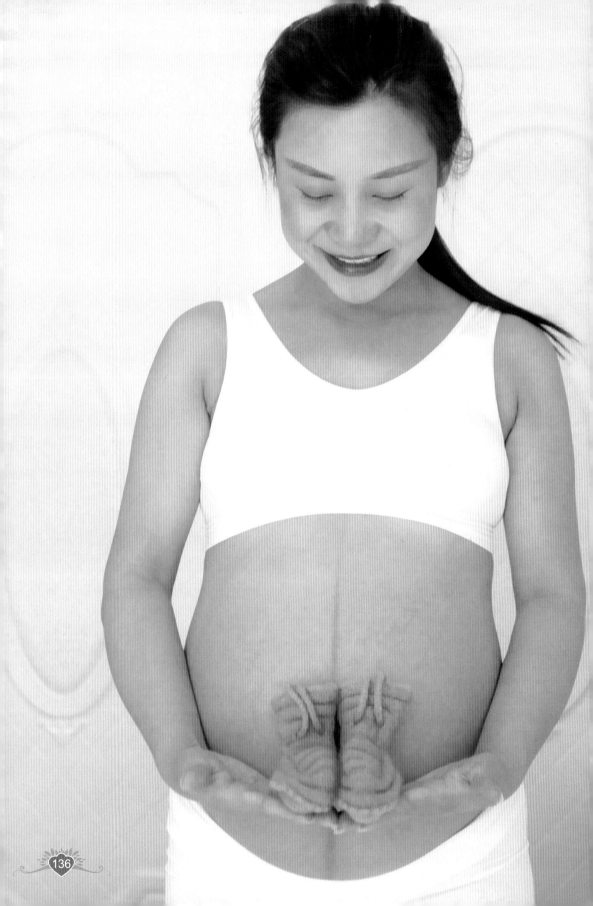

孕7月

胎儿大脑发育又一关键期

孕25~28周的胎儿和准妈妈

此时胎儿从头部到臀部长约22厘米，重约700克，皮下脂肪虽然还是不多，但整个身体却显得饱满多了，子宫里的空间较前段时间已经有些小了，但整体上来讲还不影响他的活动，他仍可以伸胳膊、踢腿、翻身或者滚动。

胎儿大脑细胞迅速增殖分化，体积增大，这标志着胎儿的大脑发育进入了第二个高峰期。在接下来的4周时间里，胎儿的脑沟脑回将逐渐增多，脑皮质面积也逐渐增大，几乎接近成人脑。相应的，小胎儿的意识越来越清晰，对外界刺激也越来越敏感，准妈妈的任何动静都有可能引起他的反应，此时做胎教能得到比较明显的回应。另外，胎儿的运动能力更强了，因而准妈妈能感觉到胎动次数明显增加。

小胎儿的身体比例十分匀称了。随着骨骼的钙化，脊柱比以前更强壮，不过现在还不足以支撑起胎儿的身体。子宫的空间相对还够大，小胎儿仍可以在里边尽情打滚，所以，如果目前B超发现胎儿是臀位无须担心，他很可能一会儿就调整成头位了。

听觉神经系统几乎发育完全，他除了可以听到准妈妈心跳的声音和肠胃蠕动时发出的"咕噜咕噜"的声音外，还能听到一些大的噪声，比如吸尘器发出的声音、开得很大的音响声、邻家装修时的电钻声，这些声音都会使胎儿躁动不安。

肺仍在发育成熟中，小胎儿已经学会了吸气、呼气，当然，现在呼吸的还不是空气，而是羊水。

第27周的胎宝宝

本周，胎儿发育得较大了，体重约1000克，头到臀部长约24厘米了，身体几乎可以碰到子宫壁，所以活动不那么自由了。

脑组织快速增长，大脑已经发育到开始练习发出命令来控制全身机能的运作和身体的活动程度，同时，神经系统和感官系统的发育也较显著。不过总体来说，各部分功能还不完善，发育的空间还很大，需要继续努力。

另外，胎儿的耳朵神经网已经完成，听觉得到了进一步的发展，而此时准妈妈的腹壁变得较薄，趴在准妈妈的肚皮上可以听到胎儿的心跳声。外界很多声音都可以传到子宫里，当声音传到子宫里时，胎儿会分辨并记忆这些声音，记忆最深刻的恐怕是妈妈说话的声音。嗅觉也已经形成，胎儿逐渐会记住妈妈的味道。听觉和嗅觉记忆是宝宝出生后寻找妈妈的最基本依据。

第28周的胎宝宝

胎儿的体重约1100克，从头部到臀部长约25厘米，几乎已经快占满整个子宫空间。

本周有一个重大变化，胎儿的眼睛可以睁开和闭合了，同时有了比较原始的睡眠周期，醒着和睡着的时间间隔变得比较有规律。在睡着的时候会做梦，醒着的时候会不停运动、玩耍，伸胳膊、踢腿都很平常，也经常把手指放到嘴里吮吸或用手抓脐带。

此时胎儿的内脏系统构造已经与成人几乎无异，其功能在快速发育，包括呼吸功能，虽然还不是很完善，但是胎儿如果在此时出生，他可以依靠呼吸机辅助呼吸，逐渐学会自主呼吸，生存的概率非常高（高达90%）。

准妈妈的变化

变化	准妈妈的变化	保健建议
看得见的外在变化	准妈妈腹部高高隆起，动作开始有些笨拙，走路时也开始挺腹撑腰	为了保证行动安全，建议准妈妈走路要缓慢、平稳，避免跌倒；不要做剧烈运动，不要搬动重物
	乳头继续增大、变黑。乳房可能流出少量乳汁，有时甚至会把准妈妈的衣服洇湿了	这是准妈妈的身体在为产后哺乳做准备，是正常的生理现象，可以垫上乳垫以免弄湿衣服
	下肢水肿，甚至出现静脉曲张	不断增大的子宫压迫到下肢静脉，就会使准妈妈出现下肢水肿和静脉曲张。这些变化都是正常的，不要担心也不要烦躁，尽量调整好平和、愉快的心态应对这些变化
看不见的体内变化	眼部不适，如眼睛干涩、怕光等	这是孕期的正常生理反应，不必过于担心。如果实在太难受，可以在医生的指导下点一些具有湿润作用的眼药水，以缓解不适
	可能出现头痛、头晕现象	患有妊娠高血压综合征、贫血或者心理负担比较重的准妈妈，可能会出现头痛、头晕
	出现便秘、痔疮，已有便秘、痔疮的，症状可能加重	不断增大的子宫压迫到直肠，就会使准妈妈出现便秘和痔疮
	胎动的次数会减少	这是因为此时的胎儿已经长大，子宫对他来说已经显得有些小了，活动就会少一些
微妙的情绪变化	随着身体负担的加重，准妈妈可能会变得忧虑、烦躁，容易生气	建议情绪烦躁的时候试试深呼吸，放松身体，尽量掌控好自己的情绪。良好的情绪对胎宝宝来说是最好的胎教

重点营养素——蛋白质与脂肪

蛋白质对胎儿大脑发育尤为重要

蛋白质是生命的物质基础，是构成细胞的基本有机物，是生命活动的主要承担者。没有蛋白质就没有生命。蛋白质占人体重量的16%～20%，占脑干总重量的30%～35%，是大脑复杂智力活动中不可缺少的基本物质。

人体内蛋白质的种类很多，性质、功能各异，但都是由20多种氨基酸按不同比例组合而成的，并在体内不断进行代谢与更新。

蛋白质摄取不足会导致准妈妈体力下降，造成胎儿生长变慢，并且会影响到产后的乳汁分泌和身体恢复。胎儿期蛋白质供应严重不足会引起胎儿大脑发育障碍，将严重影响出生后的智力水平。

准妈妈每天的蛋白质需要量从75～100克不等，增加量的多少与孕周有关，一般在孕早期与孕前差不多，孕中期为85克左右，孕晚期需要量最大，为100克左右。

优质蛋白质的来源

蛋白质分动物蛋白和植物蛋白两种：动物蛋白如肉、鱼、蛋等，植物蛋白主要是豆制品。植物蛋白质中缺少蛋氨酸和胱氨酸，建议与动物性食物搭配食用，以提高蛋白质的营养价值。

食物	100克可食部分的蛋白质含量	食物	100克可食部分的蛋白质含量
黄豆	35.6克	牛肉	17.8克
奶酪	26.4克	鲤鱼	17.7克
对虾	21克	猪肉	14.6克
绿豆	20.6克	鸡蛋	12.9克
羊肉	20.5克	花生	12.1克
红小豆	20.1克	酸奶	3.1克
鸡肉	18.5克	牛乳	3克

准妈妈是否需要喝蛋白质粉

蛋白质粉采用提纯的大豆蛋白、酪蛋白、乳清蛋白或上述几种蛋白的组合体构成粉剂，其用途是为缺乏蛋白质的人补充蛋白质。

孕中期需要增加的蛋白质摄入量并不多，只要每天多吃50～100克的鱼、肉或蛋类就可以满足准妈妈和胎儿发育的需求，没必要额外食用蛋白质粉来补充蛋白质。

此外，蛋白质粉中所含的蛋白质量很高，在体内要经过肝脏分解再合成人体自身组织成分，其代谢产物又要经过肾脏从尿液中排出。如果过量食用，会加重肾脏负担，反而对孕期健康和胎儿发育不利。因此，准妈妈吃蛋白质粉前应征求医生的意见，再决定可否食用。

豆制品是非常好的蛋白质来源

豆制品是大豆经过加工制成的，如豆腐、豆腐干、豆浆、豆腐脑、腐竹、豆芽菜等。

豆制品的营养主要体现在其丰富蛋白质含量上。豆制品所含人体必需氨基酸与动物蛋白相似，也含有钙、磷、铁等人体需要的矿物质和多种维生素。同时，豆制品中不含胆固醇，不像富含蛋白质的肉类食品，吃了不必担心因此发胖，是准妈妈的健康美食之一。

豆制品中还含有大量磷脂，这种物质可以增强人的记忆力，促进大脑神经系统与脑容积的增长、发育。也就是说，准妈妈多吃豆制品，可以促进胎儿脑细胞内部结构的旺盛生长，从而提高胎宝宝的智力。

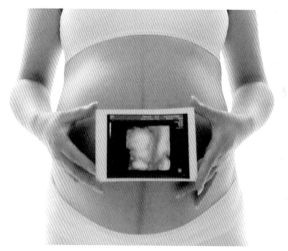

营养脑细胞的卵磷脂

卵磷脂是一种含磷的脂肪，属于不饱和脂肪酸，可以促进大脑神经系统与脑容积的增长、发育。它与DHA相辅相成，共同为构筑聪明的宝宝大脑做出了不可磨灭的贡献（美国食品和药物管理局规定在婴儿奶粉中必须添加卵磷脂）。

卵磷脂主要存在于蛋黄、大豆、动物内脏中。豆类中所含的为大豆卵磷脂，蛋黄中所含的为蛋黄卵磷脂，经科学证明，大豆卵磷脂的作用更优于蛋黄中的卵磷脂，因为它更易于运输胆固醇，从而使胆固醇不沉积在动脉壁上。

60%的大脑由必需脂肪酸构成

脂肪是人体能量的主要来源，还是构建细胞的重要成员，如细胞膜、神经组织、激素等，宝宝大脑的60%由各种必需脂肪酸组成。

脂肪可以被人体储存，所以在整个孕期中，妈妈只需要按平常的摄入量摄取脂肪即可，无须额外增加，大概就是每日60克（烧菜用的植物油25克和其他食物中含的脂肪）。若长期摄入脂肪过多，体内储存脂肪就要增加，而使准妈妈和新生儿肥胖。

各种油类，如花生油、豆油、菜油、麻油、猪油等都富含脂肪。食物中奶类、肉类、鸡蛋、鸭蛋等含脂肪也很多，此外花生、核桃、果仁、芝麻、蛋糕、油条中也含有很多脂肪。

摄入"好的脂肪"

脂肪是由甘油和脂肪酸组成的，其中甘油的分子比较简单，而脂肪酸的种类和碳链长短却不相同。脂肪酸分三大类：饱和脂肪酸、单不饱和脂肪酸、多不饱和脂肪酸。

饱和脂肪酸：它大量存在于动物食品中，过多摄入会增加血液中的胆固醇，血液中的胆固醇过多会导致动脉硬化，引发许多严重危害身体健康的疾病。

不饱和脂肪酸：属于对人体健康有益的"好脂肪"。人体必需的脂肪酸ω-6和ω-3都属于多不饱和脂肪酸。ω-6在大豆、玉米、芝麻、核桃、向日葵、红花等植物及用它们制成的油中含量丰富。而ω-3主要存在于冷水鱼类，植物中亚麻子中含量丰富。

每日脂肪的摄取最好不要超过摄取总热量的20%。其中含饱和脂肪酸的不应超过1/3，含多不饱和脂肪酸的则不应少于1/3。

"好脂肪"的食物来源

金枪鱼	金枪鱼含有大量的ω–3多不饱和脂肪酸，有利于大脑的发育。另外，它还含有丰富的维生素E和硒，对所含的不饱和脂肪酸有很好的保护作用
鳕鱼	鳕鱼含有丰富的ω–3多不饱和脂肪酸，对于神经系统发育极为有利
三文鱼	三文鱼属于深海鱼类的一种，同样含有较多的ω–3多不饱和脂肪酸，并含有丰富的维生素D和钙
核桃	核桃含有丰富的亚油酸和亚麻酸，并含有多种维生素，以及钙、磷、铁、锌、锰、铬等人体必需的营养物质
花生	花生中含有丰富的亚油酸和亚麻酸，并含有多种维生素、卵磷脂、蛋白质，能帮助大脑的发育
芝麻	芝麻中含有丰富的不饱和脂肪酸、蛋白质、卵磷脂、维生素及多种矿物质，这些都是大脑发育和身体代谢所必需的营养物质
榛子	榛子营养丰富，除含有丰富的不饱和脂肪酸外，还含有各种人体必需的氨基酸

少摄入反式脂肪酸

所谓反式脂肪酸，就是指不饱和脂肪被氢气氧化后形成的与饱和脂肪酸相似的物质，也被称为氢化脂肪。还有一种反式脂肪酸，是在氢化之后的油脂中产生了一些人体没有的异常产物。不饱和脂肪酸容易氧化，而氢化过的脂肪保鲜时间更长，因此不少市售的加工食物会使用反式脂肪酸加工，以延长保质期。

为了保护准妈妈和胎宝宝的健康，建议购买植物油时尽量选取冷榨的。并尽可能少吃由氢化脂肪或反式脂肪酸加工过的食品，包括快餐、油炸烘烤食品，以及大部分饼干、面包等。多吃些天然食品。可经常吃一些鱼类、坚果类、植物种子以补充必需脂肪。

本月重点：减轻孕期水肿

清淡饮食可以减轻孕期水肿

75%的准妈妈都有孕期水肿的问题，大部分发生在孕中晚期，有的早一些。孕期水肿主要是因为子宫增大，压迫了骨盆静脉和下腔静脉，使腿部血液回流不畅，部分液体渗透到组织中滞留引起的。

平时就容易水肿的准妈妈在孕期更容易出现水肿现象，所以要格外小心。要注意清淡饮食，过咸、过辣的食物都要少吃，其中包括：火腿、牛肉干、猪肉脯、鱿鱼丝等烟熏类食物，泡菜、咸蛋、咸菜、咸鱼等腌制类和方便面、薯片等方便食物等。清淡饮食可以减少身体中液体的滞留，从而缓解水肿。因为食欲不佳而用这类食物下饭的做法是很不可取的。另外，不要吃大量冰冷食物，冰冷食物容易影响血流速度，不利于预防水肿，还有一些难消化的食物如油炸食品，也是引起水肿的原因之一，需要少吃。

控制食盐的摄入量

准妈妈饮食宜清淡低盐，但不是说要绝对无盐，而是适当少吃盐。如果完全忌盐，容易导致体内钠不足，同样会影响准妈妈健康和胎宝宝发育。

研究表明，身体健康的准妈妈每天的食盐量以5~6克为宜，如果已经吃了一些含有食盐的加工食品，如火腿、咸鱼等，需要适当减少食盐的量。而已经患有严重水肿、高血压等疾病的准妈妈需要忌盐，每天吃盐不得超过2克。

口味向来比较重的准妈妈刚开始很难适应低盐饮食，可以在饭菜里适当加一些没有咸味的提味食物，如新鲜西红柿汁、无盐醋渍小黄瓜、柠檬汁、醋、无盐芥末、香菜、大蒜、洋葱、葱、韭菜、丁香、香椿、肉豆蔻等增加饭菜的香味。

有助于缓解水肿的食物

食物	功效	宜忌
茼蒿	茼蒿中含有丰富的维生素、胡萝卜素、脂肪、蛋白质，具有养心安神、降压补脑、通便利肠、消除水肿、增强抵抗力的作用 茼蒿中含有一种有特殊香味的挥发油，有助于准妈妈消食开胃	茼蒿中的芳香精油遇热容易挥发，应该旺火快炒，不要长时间烹煮。 茼蒿辛香滑利，有腹泻症状的准妈妈不宜多食
冬瓜	冬瓜利尿消肿，可以作为孕期治疗水肿的辅助食品，使症状得以缓解 冬瓜对改善机体的钾/纳比值有明显作用，可清热解暑、降血压、降血脂	冬瓜不宜与滋补药一起吃，会降低滋补效果 冬瓜和鲫鱼一起吃会发生脱水现象，要及时补充水分
土豆	土豆含钾量高，每100克土豆含钾高达300毫克，可有效缓解孕期高血压、水肿 土豆淀粉在体内被缓慢吸收，不会导致血糖过高，可用作妊娠糖尿病患者的食疗	土豆一定要去皮，土豆皮中含有生物碱，大量食用会出现恶心、腹泻等现象 皮色发青或发芽的土豆不能吃，以防龙葵素中毒
红小豆	红小豆有良好的利尿作用，对消除水肿有作用 红小豆含有较多的膳食纤维，可以防止便秘 红小豆中蛋白质含量较高	红小豆能通利水道，故尿多之人忌食 红小豆不宜久食，久食则令人黑瘦结燥
鲤鱼	鲤鱼的钾含量较高，对各种水肿、腹胀、少尿皆有益 鲤鱼的视网膜上含有大量的维生素A，孕期食用鲤鱼眼睛可有效明目	鲤鱼是发物，有慢性病者不宜食用 鲤鱼鱼胆、背上两条筋腺及黑血有毒，要忌吃

容易水肿的准妈妈该怎样喝水

很多准妈妈发生水肿后不敢喝水，连牛奶、汤都不敢进食，这是不对的。水是人体必备的营养物质，参与人体多种物质的运载和代谢，并有助于调节体温。因此准妈妈每天必须喝足够的水，即每天2000毫升左右。

当然饮水量还要根据自己活动量的大小、体重、季节、地理环境的变化等因素来酌情增减，例如夏天出汗多就应多补充水分。如果进水量过少，血液浓缩，血中代谢废物的浓度升高，排出就不太顺利，会增加尿路感染的机会。

少喝水并不能减轻水肿症状，对于水肿的准妈妈来说，最好的方法就坚持运动，促进血液循环，减少水分潴留；并经常改变姿势，避免长时间坐着或站着，坐着的时候也不要交叉双腿，以免阻碍下肢的血液循环。最好每天工作完之后将双腿抬高1小时，让下肢的血液循环更顺畅，这对减轻水肿很有效。

加重水肿的饮食坏习惯

坏习惯一：常去餐馆吃饭。餐馆的菜注重口味，一般调味品会比较多，口味比较重，常吃的话会摄入过多盐分，加重水肿。

坏习惯二：吃饭、吃面的时候喜欢拌入酱汁、辣酱等重口味调料。这样无形中就会摄入过多的盐分，诱发或加重孕期水肿。

坏习惯三：喜欢吃炒饭、炒面、汤面等混合烹调的食物。这类食物不仅油分高、盐分也高，而且使用的调味料也比较多，容易加重水肿。

有些准妈妈喜欢吃一些加工过的食物，如火腿、香肠等。这些都属于高盐食物，应尽量少吃。

吃出营养力

容易导致流产、早产的食物

山楂	山楂对子宫有兴奋作用，多食可以刺激子宫收缩，有可能诱发流产，故尽量少吃或不吃
龙眼	龙眼性温热，而准妈妈多呈阴虚状态，阴虚则会滋生内热，龙眼甘温大热，易致胎热，极易活血动胎。食用过多，准妈妈易出现腹痛、阴道出血等先兆流产症状
青木瓜	青木瓜含有雌性激素，容易干扰孕妇体内的激素变化，对胎儿的稳定有害，还有可能导致流产
薏米	薏米性寒，质滑利，能利尿化血，兴奋子宫平滑肌，促使子宫收缩，不利于胎儿发育，严重者将导致流产
马齿苋	马齿苋性寒凉而滑利。实验证明，马齿苋汁对于子宫有明显的兴奋作用，能使子宫收缩次数增多、强度增大，易造成流产
甲鱼	甲鱼性味咸寒，有着较强的通血络、散淤块作用，有一定的堕胎作用，鳖甲的堕胎作用比鳖肉更强
螃蟹	螃蟹性寒凉，吃多了会伤脾胃，有活血祛淤作用，对妊娠不利，尤其是蟹爪，有明显的堕胎作用
人参及人参制品	人参是温热性的补品，准妈妈内热盛，吃人参会加剧孕吐、水肿、高血压、便秘等症状；人参中所含的人参皂苷可促使子宫收缩，因而有诱发流产、早产的可能

不利于胎儿大脑发育的食物

过咸食物	过咸食物会影响脑组织的血液供应，造成脑细胞的缺血缺氧，导致记忆力下降、智力迟钝
含味精多的食物	味精摄入过多会引起缺锌，进而影响大脑发育。成人每天摄入味精量不得超过4克
含过氧化脂质的食物	过氧化脂质会导致大脑早衰或痴呆，直接有损于大脑的发育。腊肉、熏鱼等曾在200℃以上油温煎炸或长时间暴晒的食物中含有较多的过氧化脂质
含铅食物	铅会杀死脑细胞，损伤大脑。爆米花、松花蛋、啤酒等含铅较多
含铝食物	油条、油饼等含铝量高。经常吃含铝量高的食物，会造成记忆力下降、反应迟钝，甚至导致痴呆

吃什么可以让宝宝头发浓密乌黑

生活中常常见到一些婴幼儿头发稀疏发黄，发质不好，准妈妈可以吃些什么来改善胎宝宝的发质，让小宝宝出生后能有一头浓密漂亮的黑发呢？

宝宝头发主要是由两方面决定的，一个是遗传，一个是营养。遗传无法改变，但营养却掌握在准妈妈手中。人体营养水平影响着毛基质细胞的分裂和头发的颜色。

1.毛基质细胞分裂的快慢直接影响头发的密度、生长速度及质量。营养水平偏低甚至严重营养不良者，时间长了，会导致毛发枯萎，甚至脱落。

2.在正常头发的髓质和皮质细胞中，含有黑色素颗粒，这些颗粒决定着头发的颜色。营养摄入状况会影响黑色素的生长，进而影响头发色泽。

要想让宝宝有浓密乌黑的好头发，准妈妈要保证摄入充足、均衡的营养，而不是只摄入某些单一食物和营养。

吃蜂蜜的几个建议

蜂蜜是天然的大脑滋补剂，在所有的天然食品中，大脑神经元所需要的能量在蜂蜜中含量最高。蜂蜜中富含锌、镁等多种微量元素及多种维生素，是益脑增智、美发护肤的要素。为了更好地利用蜂蜜的功效，建议准妈妈参考以下几点。

1.准妈妈每天在上午、下午的饮水中各放上数滴蜂蜜，可以有效地预防妊娠高血压综合征、妊娠贫血、妊娠合并肝炎等病症。

2.睡前饮一杯蜂蜜水，有安神补脑、养血滋阴之功效；能够治疗多梦易醒、睡眠不香。

3.蜂蜜虽好，但含糖量高，不可以无节制地喝，每天不宜超过一勺，并且要用45℃以下的温水冲服，这样才不会破坏蜂蜜的营养和活性物质。

特别要提醒准妈妈的是，孕期一定不要吃蜂王浆，因为蜂王浆中的激素会刺激子宫，引起宫缩，干扰胎宝宝在子宫内的正常发育。

准妈妈可以长期吃鱼肝油吗

鱼肝油富含维生素A和维生素D，对于缺乏这两类营养素的准妈妈来说，适当吃一些是有益的。不过，不建议长期服用大剂量鱼肝油，以免摄入过量的维生素A和钙质（维生素D摄入过量会大大增加钙的吸收）。倘若准妈妈食用鱼肝油后出现毛发脱落、皮肤发痒、食欲减退等症状，很可能就是鱼肝油吃多了。

因此，本身不缺乏营养的准妈妈，一般不建议服用鱼肝油，以免造成营养素摄入过量。

眼睛干涩的准妈妈该吃点儿什么

怀孕期间，准妈妈的泪液分泌会减少，同时泪液中的黏液成分增多，这些变化会让准妈妈经常感觉到眼睛干干的，不舒服。尤其是准妈妈在孕期如果还佩戴隐形眼镜的话，更会觉得干涩不适。

常感觉眼睛干涩的准妈妈除了平时注意劳逸结合，不要长时间连续看书、看电视，定时做眼睛保健操外，经常摄入对眼睛有益的营养素，对保护眼睛也能起到很大的作用。

维生素A	胡萝卜、卷心菜、生菜、杏等	维生素A是保持眼睛健康不可或缺的微量元素。维生素A包含有维持眼睛健康的最重要的物质——抗氧化剂β-胡萝卜素。身体缺少了维生素A，人会得夜盲症
类胡萝卜素	菠菜、西蓝花等	包括黄体素、叶黄素、玉米黄素等，对晶状体非常有好处，可以预防眼部病变，保护视力
B族维生素	糙米、全麦面包、肝脏、瘦肉、牛奶、豆类、绿色蔬菜等	对视神经的健康和角膜有重要作用。缺乏B族维生素，容易发生神经病变、神经炎，眼睛也容易畏光、视力模糊、流泪等
维生素C	猕猴桃、橙子、枸杞子	维生素C是眼球水晶体的成分之一，可以消除对眼睛造成伤害的自由基，如果缺乏易患白内障
维生素E	豆制品	维生素E有很好的抗氧化作用，可以消除对眼睛造成伤害的自由基
卵磷脂	鸡蛋	卵磷脂对眼睛来说十分重要，摄入充足的卵磷脂可以预防白内障
蛋白质	瘦肉、鱼、虾、奶类、蛋类、豆类等	眼部组织的修补、更新，都需要补充蛋白质
硫	大蒜、洋葱等	硫能稳固晶状体，并且让它变得更有韧性，对提高视力很有好处
钙	豆类、奶类、鱼虾、花生、核桃等	丰富的钙质具有消除眼肌紧张的作用

均衡营养的一日配餐

早餐
全麦面包1个（100克）
荷包蛋1个（70克）
酸奶250毫升
西红柿1个（50克）

加餐
早餐后或午餐前1~2小时：桃子1个

午餐
大米饭1碗（150克）
核桃油炒茭白鸡蛋1碟（200克）
黄花熘猪腰1碟（100克）

加餐
午餐后或晚餐前1~2小时：夏威夷果5个（50克）

晚餐
大米饭1碗（150克）
荸荠菜花羹1碟（100克）
黄豆煮肝片1碟（100克）
萝卜干炖带鱼1碗（100克）

加餐
晚餐后1小时：全麦面包1片（25克）
临睡前1小时：酸奶100毫升

食疗调养好孕色

利水消肿

红烧冬瓜

原料：冬瓜400克。

调料：甜面酱、酱油、水淀粉各5克，高汤100克，姜1片，葱2根，白糖、盐、植物油各适量。

做法：

1.冬瓜去皮、去瓤、去子，洗净，切成3厘米长、1厘米宽的长方块；姜洗净，切成末；葱洗净，切成末。

2.锅置火上，放油烧热，放入葱末、姜末、甜面酱，爆至出香，再放入冬瓜块、酱油、白糖、盐、适量高汤，烧开后转小火。

3.至冬瓜块熟烂，用水淀粉勾薄芡即可。

功效：冬瓜中含有丰富的营养成分，钠盐含量比较低，具有利水消肿、清热解毒的独特功效。

红小豆鲤鱼

原料：鲤鱼1条，红小豆100克，陈皮、花椒、草果各7克。

调料：葱、姜、胡椒粉、盐、鸡汤各适量。

做法：

1.将鲤鱼收拾干净；红小豆、陈皮、花椒、草果洗净，塞入鱼腹。

2.将鱼放入砂锅中，加葱、姜、胡椒粉、盐，倒入鸡汤，煲1.5小时左右，鱼熟后撒上葱花即可。

功效：鲤鱼被中医认为是健脾利水及减肥的上品，有益气健脾、利水化湿、消脂之功效。红小豆也是利水之物，两者相配适合水肿严重的准妈妈吃。

促进胎儿大脑发育

腰果虾仁

原料：大虾200克，腰果50克，鸡蛋1个。

调料：葱花、蒜片、姜片、植物油各适量，料酒10克，醋5克，水淀粉20克，香油半小匙，盐少许。

做法：

1.大虾洗净，剥出虾仁，挑去黑色虾线。将鸡蛋磕出蛋清，打起泡沫，加盐、料酒、淀粉调和，将虾仁放入，拌一下。

2.锅中放油烧热，炸腰果，捞出，晾凉，再放入虾仁，划开，捞出控油。

3.锅中留少量油，放入葱花、蒜片、姜片爆香，加料酒、醋、盐炒匀，倒入虾仁、腰果翻炒片刻，淋香油即可。

功效：腰果富含DHA，可以帮助增强记忆力。

鱼头★
豆腐汤

原料：鲢鱼头1个，干香菇8朵，豆腐50克。

调料：葱段2段，姜2片，盐、植物油各适量。

做法：

1.鲢鱼头洗净，从中间劈开，用纸巾蘸干鱼头表面的水分；豆腐切成1厘米厚的大块，干香菇用温水浸泡5分钟后，去蒂洗净。

2.锅中倒入适量的油，待七成热时，放入鲢鱼头，用中火双面煎黄（每面约3分钟）。将鲢鱼头摆在锅的一边，用锅中的余油爆香葱段和姜片后，倒入足量开水没过鱼头。

3.再放入香菇，盖上盖子，大火炖煮50分钟，调入盐，放入豆腐块继续煮3分钟即可。

功效：鱼和豆腐都富含蛋白质，还含有不饱和脂肪酸，对胎宝宝的大脑发育有益。

高钙营养餐

炒鱿鱼

原料：鲜鱿鱼1只。

调料：葱末、姜片、白醋、料酒、盐、植物油各适量。

做法：

1.将鲜鱿鱼剪开，把墨囊取出，剥下皮，剪去内脏并冲洗干净。

2.将鲜鱿鱼片切成花刀片，放在沸水中焯一下，捞出沥干。

3.锅中倒入适量的油，烧热，放入葱末、姜片炝锅后，倒入鱿鱼快速翻炒，再放入白醋、料酒，将鱿鱼炒熟透，调入盐即可。

功效：鲜鱿鱼含有丰富的蛋白质，以及钙、磷、铁等矿物质，对胎儿骨骼发育和造血功能十分有益。

肉末
烧豆腐

原料：豆腐100克，肉末20克。

调料：葱末、姜末、生抽、老抽、白糖、鸡精、料酒、香油各适量。

做法：

1．锅内放油烧至三成热，放入葱末、姜末，以中火煸香。

2．加入肉末，煸炒至发干，调入料酒、生抽、老抽、白糖，炒匀后，加开水没过肉末，煮开后继续煮5分钟。

3．豆腐切成小块，加入锅中，用勺子推匀，继续烧5分钟，加入鸡精炒匀，加入葱末，淋入香油即可。

功效：这道菜富含钙质和蛋白质，热量低，口味清淡，是适合准妈妈的低脂营养美食。

高铁营养餐

韭菜鸭血汤

原料：鸭血块250克，韭菜150克。

调料：料酒、盐各2克，香油、胡椒粉各少许，植物油适量。

做法：

1.韭菜择洗干净，切成3厘米左右的段备用。

2.鸭血块洗净后切成长方块，投入开水锅中焯熟，捞出来沥干水备用。

3.锅内加入植物油烧热，放入韭菜段略炒，烹入料酒，加水烧开，再加入鸭血煮熟，加盐、胡椒粉调味，起锅时淋上香油即可。

功效：鸭血富含矿物质铁，与鲜美的韭菜搭配，美味又营养，可帮助预防缺铁性贫血。

黑木耳炒肉

原料：黑木耳20克，猪瘦肉100克，红椒、青椒各1个。

调料：蒜1瓣，姜1片，醋1大匙，盐、鸡精各少许。

做法：

1.黑木耳用温水浸泡软，洗净，撕成小块；猪瘦肉洗净，切丝；红椒、青椒去蒂，去籽，洗净，切圈；蒜切末；姜切丝。

2.锅内放适量油烧热，下蒜末、姜丝爆香，下猪瘦肉丝爆炒至变色。

3.放入红椒圈、青椒圈、木耳，翻炒片刻，加醋、盐、鸡精、少许辣椒油，大火快炒至熟即可。

功效：瘦肉和木耳都富含矿物质铁，有助于预防缺铁性贫血。

缓解眼睛干涩

黑豆核桃桑葚粥

原料：粳米50克，黑豆30克，红枣5颗，核桃仁、桑葚各10克。

做法：

1.将红枣洗净去核，黑豆、粳米淘洗干净，黑豆用清水预先浸泡半天。

2.把所有食材放入锅内，加适量清水，大火煮沸后改小火煮至黑豆软烂即可。

功效：黑豆含有丰富的蛋白质与维生素B_1等，营养价值高，又因黑色食物入肾，配合核桃仁，可增加补肾力量，改善眼疲劳。

枸杞黑芝麻粥

原料：粳米50克，黑芝麻30克，枸杞适量。

调料：白糖适量。

做法：

1.将黑芝麻、粳米分别淘洗干净；枸杞洗净。

2.将三种原材料一同放入锅中，加入适量清水，煮成粥。

功效：枸杞含有丰富的胡萝卜素、维生素A、B族维生素、维生素C和钙、铁等对眼睛有益的必需营养；黑芝麻也有养血补肾、明目醒脑的功效。

孕8月

避免吃出妊娠高血压、高血糖

孕29～32周的胎儿和准妈妈

第29周的胎宝宝

这时胎儿的皮下脂肪已初步形成，胎宝宝看上去比原来显得胖一些了，整个身体光润、饱满了许多，皮肤也不再是皱巴巴的了，模样十分可爱。

内部器官在不断完善功能，躯干、四肢还在不断发育长大。大脑的沟回越来越多，数十亿的脑神经细胞正在形成，大量神经细胞的形成，让胎儿头部继续增大，这让脑袋比其他部位显得重，因此大多数的胎儿在最后固定胎位的时候都是头朝下的。

有的准妈妈因自己的胎儿现在还是头朝上而担心临产时胎位不正，其实，这时的胎儿可以自己在妈妈的肚子里变换体位，有时头朝上，有时头朝下，还没有固定下来，此后2周左右胎位就会固定下来，准妈妈不必太担心。

第30周的胎宝宝

本周，胎儿的体重约1360克，头到臀距离大约为27厘米。由于现在的体型较大，子宫里的活动空间相对变小，所以胎儿在子宫中的位置相对固定了，不会再像以前随意转动、翻身了。

主要的内脏器官基本已经发育完全，骨骼和关节也很发达了，免疫系统有了相应的发育。不过肺部的发育还有所欠缺，正在合成肺泡表面活性物质，这些物质可以帮助肺泡膨胀张开，是宝宝将来自主呼吸不可缺少的。

生殖器的发育正在进行，男胎的睾丸还没有进入阴囊，尚在腹腔中，但已经开始沿着腹股沟向阴囊下降。女胎的阴蒂突出，覆盖阴蒂的小阴唇还没有最后形成。

第31周的胎宝宝

本周之后，胎儿身长的增长减慢，但体重却开始迅速增加，皮下脂肪更加厚实，这是胎儿在为即将到来的出生储备脂肪。从外观上看，胎儿身体表面的皱纹更少了，四肢也变得更长、更强壮，整体看上去越发光润可爱。

大脑反应更快，控制能力也有所提高，现在，胎儿已经能够熟练地把头从一侧转到另一侧。眼睛也是想睁开就睁开，想闭上就闭上，而且能够分辨明暗，逐渐适应了光亮环境，当有光照进子宫，胎儿不会再像以前一样避开，而是把脸转向光源，追随光源。

胎儿的肺部已经基本发育完成，呼吸能力也基本具备，如果宝宝现在出生，大多可以建立自主呼吸，并能适应子宫外的生活了。

第32周的胎宝宝

胎儿体重目前大约为1800克，从头部到臀部长约29厘米，对日渐增大的胎儿来说，子宫里的空间已经很小了，即便如此，胎儿还是会继续长大，尤其是身体和四肢，最终会长得与头部的比例更协调。从现在到出生前体重至少还要长1000克左右，此后一阶段，可以看作胎儿在为出生做最后的冲刺。

现在胎儿的体位已经基本固定在头朝下了，已经做好了出生的准备；皮下脂肪继续储备，这是为了出生后的保暖而准备的；呼吸和消化功能渐趋完善，而且还会分泌消化液了。另外，胎毛开始脱落，不再毛茸茸的了，慢慢的只有背部和双肩还留有少许。

本周，胎儿的神经系统变化最大，脑细胞神经通路完全接通，并开始活动。神经纤维周围形成了脂质鞘，脂质鞘对神经纤维有保护作用，这使得神经冲动能够更快地传递。因此，胎儿逐渐有能力进行复杂的学习和运动，并且意识会越来越清楚，能够感觉外界刺激，能区分黑夜和白天。

准妈妈的变化

变化	准妈妈的变化	原因及保健建议
看得见的外在变化	食欲变差了	子宫已经顶到了胃部,准妈妈一吃东西就会觉得胃不舒服,食欲因此减弱了
	睡眠不佳,经常做噩梦	这主要是准妈妈潜意识中对分娩和育儿的忧虑造成的,建议做好自我情绪调节
	脚比孕前变大了	怀孕后准妈妈的卵巢开始分泌一种名为"松弛素"的物质,使得韧带变得松弛,脚就随之变大了
看不见的体内变化	可能经常会感觉到心慌、气短,活动量一大就会气喘吁吁	这是新陈代谢加快、消耗氧气量加大造成的,是孕期的正常生理现象,不必过分担心
	出现"烧心"(饱餐之后尤其明显)、食欲不振的现象	这是准妈妈的子宫底已经上升到胸部下缘,膈肌和胃部受到压迫而引起的
	偶尔腹部出现间歇性的发硬、发紧现象	这是假宫缩,不会引起早产,对怀孕也没有影响。若宫缩频繁,每小时出现次数超过4次,可能是早产的信号,要赶快到医院检查
	感到关节疼痛	孕期分泌的"松弛素"使准妈妈的骶髂关节和耻骨联合的纤维软骨及韧带变得松弛、柔软,骶髂关节和耻骨联合变宽、活动性增加,为分娩时胎儿通过产道做准备。韧带松弛会使准妈妈感到关节疼痛
微妙的情绪变化	进入了孕晚期,分娩日益临近,身体负担也变得更重,准妈妈容易心神不宁	和准爸爸说说自己的梦境,和其他准妈妈交流一下孕期生活,参加孕妇学习班,都可以帮助准妈妈放松心情

重点营养素——钠与硒

控制钠的摄入量

在孕期，由于肾脏功能减退，排钠量相对减少，如果不注意控制钠摄入，导致体内的钠含量过高，血液中的钠和水会由于渗透压的改变，渗入到组织间隙中形成水肿并使血压升高，严重者会诱发妊娠高血压综合征。食盐的主要成分就是钠，限制钠的摄入主要就是指限制盐的摄入，包括用盐腌制的食物，如咸菜、咸肉等。

控制盐的摄入量并不是要求盐越少越好，长期低盐也会有负作用。准妈妈每日的摄盐量以不超过6克为宜。已经并发妊娠高血压综合征的准妈妈，应该在医生指导下调整饮食。

降低钠摄入的窍门

1.如果使用酱油、大酱调味，就应相应减少食盐的投放量，20克酱油或大酱的含盐量约为3克。

2.改变用盐习惯，烹炒和炖煮时不加盐，出锅前将盐末直接撒在菜肴的表面和汤里。

3.尽量少吃腌制食品和熟食，像蒜香骨、盐焗鸡、腊肉、烧肉等均含有十分高的盐分。

防治妊娠高血压的硒

由于人体对硒的需求量并不是非常多，所以准妈妈每天只需补充大约50微克的硒即可。准妈妈只要在每日饮食中适当摄入含硒丰富的食物，即可满足人体对硒元素的需求。

含硒丰富的食物有芝麻、动物内脏、大蒜、蘑菇、鲜贝、海参、鱿鱼、龙虾、猪肉、羊肉、金针菜、酵母等。还有一些在谷物中，小麦、玉米和大麦含有硒化合物。蔬菜中，大蒜、洋葱、西蓝花、甘蓝和野韭葱等属于可富集硒的植物。

摄入过量的硒将引起硒中毒，其症状为：胃肠障碍、腹水、贫血、毛发脱落、指甲及皮肤变形、肝脏受损。

本月重点：妊娠高血压综合征与妊娠高血糖

低钠高钾可以帮助降血压

妊娠高血压综合征是一种比较常见的孕期疾病，病因至今没有明确定论。如果准妈妈患上了妊娠高血压综合征，应及早就医治疗，以免对母婴安全产生威胁。

导致人体血压升高的一个重要因素就是体内钾和钠的比例不平衡——低钾多钠是导致全世界近25％的成年人患高血压的重要原因——如果血液中钾元素少，那么钠的比例就会增高，从而导致血压升高。

为了预防妊娠高血压综合征，准妈妈可以采用低钠高钾的饮食方式。体内钠过量会增加患妊娠高血压综合征的风险，要降低钠摄取量，建议准妈妈饮食应清淡，控制好食盐摄入量。

至于钾，目前没有报告建议准妈妈每日应摄入多少钾，一般饮食均衡、多吃果蔬，便能摄取足量的钾。通常，我们一天要摄入500克左右的新鲜蔬果，才能满足对钾的需求。

妊娠高血压综合征的饮食原则

1.妊娠高血压综合征疾病患者因尿中蛋白丢失过多，常有低蛋白血症，因此摄入优质蛋白不可忽视，如鱼、虾、豆类及豆制品。

2.多吃含钾、钙丰富而含钠低的食物，如土豆、芋头、茄子、海带、莴笋、冬瓜、西瓜等，钾能促进胆固醇的排泄，增加血管弹性，有利尿作用。

3.控制盐分。摄入过多的钠，会导致血压上升，每日盐摄入量应控制在3~5克，含盐量高的食品如肉汁、调味汁、腌制品及油炸食品等都应尽量避免。

4.多吃新鲜蔬菜和水果及富含B族维生素、维生素C的食物，维生素与高血压的关系密切，多摄入有利于降低血压。

降压食物推荐

大蒜、荠菜、茼蒿、胡萝卜、茭白、木耳、西瓜、海带、海参、海蜇、鱼等。

色彩鲜艳的水果，比如香蕉、橙子、橘子、柿子等富含钾元素。深色绿色蔬菜也富含钾元素，比如西蓝花、菠菜、芹菜、苋菜等。

妊娠血压高在产后会降下来吗

如果准妈妈以前的血压正常，只是在怀孕的时候才出现了血压高，那么只要加以治疗和控制，生了宝宝以后，准妈妈的血压会恢复正常。

患过妊娠糖尿病的人以后更容易患糖尿病吗

研究调查发现：患过妊娠糖尿病的女性，在5～15年内患上糖尿病的概率为25%～60%，而且中年以后患糖尿病的危险极高。如果患了妊娠糖尿病，分娩后42天应做一次75克葡萄糖耐量试验，以后每2～3年复查一次葡萄糖耐量试验，以便及早发现糖尿病的蛛丝马迹。

妊娠糖尿病的饮食原则

1.控制糖类的摄入量，这是预防糖尿病的关键，蔗糖、葡萄糖、蜂蜜、麦芽糖及含糖饮料、甜食必须避免，这些都会直接导致血糖升高。

2.主食宜选择膳食纤维含量高的食物，如糙米、五谷饭、全麦面包等，同时搭配一些根茎类蔬菜，如土豆、山药等。

3.多吃含优质蛋白质的食物，如鸡蛋、瘦肉、鱼类、豆制品等。

4.选择正确的进餐方式，合理搭配餐次。一次进食大量食物会造成血糖快速上升，因此准妈妈应该合理分配餐次，采取"少食多餐"的方法，如每日"大四餐，小三餐"：早、中、晚、睡前各进一餐，比例分配为10%、30%、30%、10%；在四餐之间，各加餐一次，比例分配为5%、10%、5%。

"糖妈妈"宜选择升糖指数低的食物

"糖妈妈"应该尽量选取升糖指数低的食物食用，因低升糖指数的食物，在胃肠中停留时间长，吸收率低，葡萄糖释放缓慢，葡萄糖进入血液后的速度慢、峰值低。

一般来说，纤维量越高升糖指数越低，所以多数全麦食物及蔬菜，都列为健康食物。另外，升糖指数还与烹调的方法有关。食物加工时间越长、温度越高，升糖指数就越高，反之就越低。如稀大米粥，其血糖生成指数就相当高。还有，食物越成熟升糖指数越高，例如熟透的水果比刚熟的有较高的升糖指数。

低升糖指数食物列表

五谷类	荞麦面、粉丝、黑米、黑米粥、通心粉、藕粉
蔬菜	魔芋、大白菜、黄瓜、芹菜、茄子、青椒、海带、金针菇、香菇、菠菜、西红柿、豆芽、芦笋、西蓝花、洋葱、生菜
豆类	黄豆、眉豆、豆腐、绿豆、扁豆
水果	苹果、橙、葡萄、柚子、草莓、樱桃、金橘
奶类	全脂奶、低脂奶、脱脂奶、低脂乳酪
糖及糖醇类	果糖、乳糖、木糖醇、艾素麦、麦芽糖醇、山梨醇

"糖妈妈"一定要吃主食

不少人误认为，要控制热量的摄取，达到降血糖的目的，就必须少吃主食。其实，降血糖主要是控制总热量与脂肪，而主食中含较多的复合碳水化合物，升血糖的速度相对较慢，应该保证吃够量，每日主食（即碳水化合物）摄入量不能少于150克。

不甜的食物也可能含糖

有不少人认为，糖尿病就不该吃甜的食物，咸面包、咸饼干以及市场上大量糖尿病专用甜味剂食品不含糖，饥饿时可以用它们充饥，不需控制。其实，各种面包、饼干都是粮食做的，与米饭馒头一样，吃下去也会在体内转化成葡萄糖，导致血糖升高。还有坚果类（如花生、瓜子、核桃、杏仁等）不含糖，很多"糖妈妈"认为多吃一点儿没事。其实，这些坚果虽然不含糖，但含丰富的油脂，摄入过多就会使血脂升高。一部分血脂可通过异生作用转化为葡萄糖，造成血糖升高。

"糖妈妈"也可以吃一些水果

水果中所含的糖大部分都是果糖，是不容易被人体吸收的。所以，"糖妈妈"是可以适量有选择地吃些水果的。比如可以适量吃些含糖分低、味道酸甜的水果。如西瓜、橙子、柠檬、李子、杏、枇杷、菠萝、草莓、樱桃等，此类水果含糖量相对较低。

豆制品容易转化成糖，不宜多吃

豆制品是糖尿病患者较理想的食物，不含糖又营养丰富，适量进食确实有好处，但不能因此而多吃。因为豆制品虽然不含糖，但它进入人体后同样可以转化成糖，只是转化的速度较慢（大约需要3个小时），但最终也会转化为葡萄糖，从而导致血糖升高。

少吃容易让血糖飙升的食物

不能吃的食物	白糖、红糖、葡萄糖及糖制甜食，如糖果、糕点、果酱、蜂蜜、蜜饯、冰激凌等
能少吃的食物	土豆、山药、芋头、藕、洋葱、胡萝卜、猪油、羊油、奶油、黄油、花生、核桃、葵花子、蛋黄以及动物的肝肾、脑

吃出营养力

孕晚期的热量需求

已经进入了孕晚期，胎儿开始在肝脏和皮下储存糖原及脂肪，这就需要准妈妈继续保持与孕中期相当的热量摄入，即比孕前每天增加约200千卡的热量。碳水化合物是为人体提供热量的最主要营养素，此时如果碳水化合物摄入不足，将造成蛋白质缺乏或酮症酸中毒。要保证碳水化合物的供给，准妈妈应增加主食的摄入，如大米、面粉等。一般来说，准妈妈每天平均需要进食400克的谷类食品，这对保证热量供给有着重要意义。

当然，这并不意味着饮食可以毫无节制，准妈妈应该把体重限制在每周增加350克以下。

避免"巨大儿"的饮食原则

1.避免脂肪摄入过量。含脂肪多的食物要少吃，尤其是动物脂肪，像肥猪肉、油脂最好不吃，还有一些增加食物风味的奶油、黄油等也不能经常吃，摄入的脂肪应尽量是植物性的。肉类食物尽量吃脂肪含量少的，如鸡肉、鱼肉等。喝鸡汤、骨头汤等时还需要将上面的油汤撇除。

2.避免糖摄入过量。过量糖进入身体消耗不完仍然会转化为脂肪存留在体内，导致准妈妈或胎宝宝肥胖，因此精制糖和含糖丰富的主食类食物要控制摄入，甜食如冰激凌、蛋糕、果酱要少吃，主食每天摄入400～500克即可。

3.零食不能无节制地吃。饿了吃，不饿千万不要为了口腹之欲而随心所欲地吃。

各类食物热量速查表

食物类别	低热量食物	中热量食物	高热量食物
五谷、根茎类及其制品	白米饭、糙米饭、无糖白馒头、米粉、薏米、燕麦片、莲子	面条、小餐包、玉米、苏打饼干、高纤饼干、蛋糕、芋头、红薯、马铃薯、汤圆、山药、莲藕	各式甜面包、油条、丹麦酥饼、小西点、鲜奶油蛋糕、爆玉米花、甜芋泥、炸地瓜、八宝饭、八宝粥、炒饭、炒面、水饺、烧麦、锅贴
奶类	脱脂奶或低脂奶、低糖酸奶	全脂奶、调味奶、酸奶	奶昔、炼乳、养乐多、奶酪
鱼、肉、蛋类	鱼肉（背部）、海蜇皮、海参、虾、墨斗鱼、蛋白	瘦肉、去皮的家禽肉、鸡翅膀、猪肾、鱼丸、贡丸、全蛋	肥肉、牛腩、鱼肚、肉酱罐头、油渍鱼罐头、香肠、火腿、肉松、鱼松、炸鸡、盐酥鸡、热狗
豆类及豆制品	红小豆、绿豆、豆腐、无糖豆浆、豆腐干	甜豆花、咸豆花	油豆腐、炸豆包、炸臭豆腐
蔬菜类	各种新鲜蔬菜及菜干	腌渍蔬菜	炸蚕豆、炸豌豆、炸蔬菜
水果类	新鲜的水果	纯果汁	水果罐头、蜜饯
油脂类	低热量沙拉酱	植物油	动物油、人造奶油、沙拉酱、花生酱、咸肉、黑芝麻酱、腰果、花生、核桃、瓜子
饮料类	白开水、无糖茶类、低热量碳酸饮料、咖啡（不加糖、奶精）	低糖茶类、咖啡	碳酸饮料、果汁饮料、运动饮料、奶茶、含糖饮料
零食		海苔、粿	糖果、巧克力、冰激凌、甜甜圈、酥皮点心、布丁、果酱、萨其马、方便面、牛肉干、鱿鱼丝及各类油炸制品

为准妈妈挑选食用油

一般来说，植物油比动物油更适合准妈妈吃，虽然动物油做菜味道较好，但是其营养价值不高，还可能产生一些副作用，不建议孕期食用。由于每种油所含营养成分不一样，所以孕期需要将多种油换着吃，以保证营养均衡。

油的名称	最佳用法
大豆调和油	具有良好的风味和稳定性且价格合理，最适合日常炒菜及煎炸用
花生油	热稳定性比大豆油要好，适合日常炒菜用，但不适合用来煎炸食物
橄榄油	可用来炒菜，也可以用来凉拌，但其中维生素E比较少
菜籽油	风味良好，耐储存，耐高温，适合炒菜用
葵花子油	适合温度不高的炖炒，但不宜单独用于煎炸食品
玉米油	可以用于炒菜，也适合用于凉拌菜
芝麻油	在高温加热后失去香气，因而适合做凉拌菜，或在菜肴烹调完成后用来提香
亚麻籽油	有特殊风味，多不饱和脂肪酸含量非常高，不耐热，属于保健用油，适合用来做炖煮菜和凉拌菜
核桃油	煎、炒、凉拌均可，开盖使用后需放入冰箱冷藏
黄油	适合煎食物、炒青菜

容易上火的准妈妈吃什么好

由于孕期各种激素、营养物质分配及血液循环变化等影响，准妈妈常会"上火"，表现为脸上长痘、口臭、口腔溃疡、脾气大、莫名烦躁及便秘等。这时就要注意去火，多喝水，多吃去火食物。

1.苦味食物之所以苦是因为其中含有生物碱、尿素类等苦味物质，这些苦味物质有解热去火、消除疲劳的作用。适合准妈妈的苦味食物有杏仁、苦丁茶、芹菜、芥兰等。苦瓜虽然也去火，但其中的奎宁会刺激子宫收缩，引起流产，不宜多吃。

2.新鲜水果和鲜嫩蔬菜，如西瓜、苹果、葡萄、甘蓝、西蓝花等，富含钙、镁、硅等矿物质，有宁神、降火的功效。

3.少吃辛辣、油炸、油腻的食物，以免加重"上火"症状。

171

均衡营养的一日配餐

早餐	全麦面包1个（100克） 清蒸大虾10个（70克） 牛奶1杯（250毫升） 苹果沙拉1碟（50克）
加餐	早餐后或午餐前1~2小时：梨1个
午餐	大米饭1碗（150克） 芝麻肝片1碟（200克） 菜花炒蛋1碟（100克）
加餐	午餐后或晚餐前1~2小时：栗子5个（50克）
晚餐	大米饭1碗（150克） 青豆玉米胡萝卜丁1碟（100克） 豆角炒肉1碟（100克） 猕猴桃香蕉汁1碗（100毫升）
加餐	晚餐后1小时：全麦面包1片（25克） 临睡前1小时：银耳花生汤1碗（100毫升）

食疗调养好孕色

降低血压

百合荸荠
排骨汤

原料：猪小排骨250克，荸荠10粒，新鲜百合30克，杏仁5粒。

调料：盐适量，姜2片。

做法：

1.新鲜百合洗净剥瓣；杏仁洗净；荸荠去皮洗净。

2.猪小排骨洗净，放入沸水内汆烫去血沫，捞出备用。

3.锅置火上，放水烧开，放入所有材料及姜片，大火煮沸后转小火熬煮至排骨熟烂，加盐调味即可。

功效：荸荠有利尿降压的功效，对妊娠高血压有较好的食疗效果。

菠菜
玉米粥

原料：菠菜、玉米糁各100克。

做法：

1.将菠菜洗净，放入沸水锅内汆烫2分钟，捞出过凉后，沥干水分，切成碎末。

2.锅置火上，加入适量清水烧开，撒入玉米糁，边撒边搅，煮至八成熟时，撒入菠菜末，再煮至粥熟即可。

功效：菠菜含钾量高，可有效缓解孕期高血压、水肿。此外菠菜含钙丰富，是准妈妈理想的补钙蔬菜。

降低血糖

★耳西芹炒百合

原料：木耳150克，西芹、鲜百合各100克。

调料：姜片、葱段、盐、色拉油、水淀粉各适量。

做法：

1.木耳泡发洗净；西芹去筋切成菱形；鲜百合洗净备用。

2.锅内放水烧开，加少许盐和色拉油，放入木耳、西芹、百合煮10秒，出锅除水分。

3.炒锅置火上，放油烧热，放入姜片、葱段炸香后放木耳、西芹、百合，加盐调味，最后用水淀粉勾芡即可。

功效： 此菜富含膳食纤维，西芹、木耳都具有降血糖的功效，适合妊娠糖尿病妈妈食用。

橙皮黄瓜片

原料：黄瓜100克，橙皮20克。

调料：苹果酱10克。

做法：

1.黄瓜洗净去皮，切长片。

2.橙皮洗净，切成细丝，放入黄瓜片中间，整齐地摆放盘中。

3.将苹果酱淋在上面，即可上桌食用。

功效： 黄瓜有降血糖的作用，并含蛋白质、脂肪、碳水化合物，还具有清热、解渴、利水、消肿之功效。

清凉去火

绿豆老鸭汤

原料：老鸭1只，绿豆40克。

调料：陈皮2片，盐适量。

做法：

1.老鸭洗净切掉鸭尾，放入沸水中汆烫一下捞出。陈皮放入温水中浸软，刮去瓤；绿豆洗净。

2.砂锅置火上，倒入适量清水煮沸，将所有材料放入煲内，用大火煮20分钟，再改用小火熬2个小时，调入盐即可。

功效：老鸭是暑天的清补佳品，它不仅营养丰富，且性偏凉，有滋五脏之阳、清虚劳之热、补血行水、养胃生津的功效。

莲藕瘦肉汤

原料：莲藕200克，猪脊骨400克。

调料：生姜1小块，盐适量。

做法：

1.将猪脊骨斩块洗净，莲藕切小段，生姜去皮切片。

2.把猪脊骨块放入烧沸水的锅内煮去血渍，捞出后放入砂锅中，再加入生姜片、莲藕段，加入清水，大火烧开后转小火煲2个小时后，调入盐即可。

功效：莲藕味甘、性平，有消炎化瘀、清热解燥、止咳化痰的功效，瘦肉本身具有健脾养胃的效果，再配上养阴润肺的莲藕共同食用，具有清热生津、开胃健脾等功效。

温补消肿

排骨炖冬瓜

原料：猪排骨250克，冬瓜150克。

调料：葱白1段，姜3片，料酒10克，盐、鸡精各适量。

做法：

1.排骨洗净，剁成块，投入沸水中氽烫一下，捞出来沥干水；冬瓜洗净，切成比较大的块。

2.将排骨块放入砂锅，加适量清水，加入姜片、葱白、料酒，先用大火烧开，再用小火煲至排骨八成熟，倒入冬瓜块，煮熟。

3.拣去姜片、葱白，加入盐、鸡精搅匀即可。

功效：冬瓜有利水消肿的作用，搭配排骨，营养均衡，常喝可帮助消除孕期水肿。

土豆烧牛肉

原料：土豆100克，牛肉200克。

调料：葱3段，姜2片，盐3克，植物油适量。

做法：

1.土豆洗净，去皮，切成滚刀块；牛肉洗净，切小方块；葱洗净，切末。

2.炒锅置火上，放植物油烧热，下牛肉块煸炒片刻，加葱末、姜片，倒入适量清水（以浸过肉块为好，加盖煮开）。

3.换小火炖至肉快烂，加土豆块、盐，接着炖至土豆块、牛肉块酥烂入味即可。

功效：土豆富含矿物质钾，有助于消除水肿，牛肉富含蛋白质、矿物质，十分有营养。

栗子粥

原料：大米100克，栗子10个。

调料：白糖适量。

做法：

1.栗子洗净，放入开水锅中煮熟，捞出后去掉栗子壳和皮，碾碎。

2.大米淘洗干净，放入锅中，加入适量清水，大火煮开后转小火煮约30分钟。

3.加入栗子，继续煮约20分钟至米烂粥稠，最后撒入白糖调味即可。

功效：栗子可以补肾健脾、缓和情绪、缓解疲劳、消除孕期水肿。

缓解便秘

拌双耳

原料：银耳(干)、黑木耳(干)各20克，彩椒丝适量。

调料：葱丝少许，盐、白糖各1小匙，香油、醋、鸡精、胡椒粉各适量。

做法：

1.将银耳和黑木耳分别用温水泡发，去掉根蒂，洗净，撕成小朵，用开水氽烫，捞出投入凉开水中过凉，再捞出沥干水。

2.将银耳和黑木耳装入盘中，撒上葱丝、彩椒丝。

3.将盐、醋、鸡精、白糖、胡椒粉、香油用凉开水调匀成汁，浇在银耳和黑木耳上，拌匀即可。

功效：银耳、木耳都具有增强人体免疫力、润肠通便的功效，可以帮助准妈妈增强体质、缓解便秘。

青豆玉米胡萝卜丁

原料：玉米粒100克，青豆100克，胡萝卜80克，火腿肠1根（约30克）。

调料：盐、植物油各适量。

做法：

1.将胡萝卜洗净，切丁；火腿肠切丁，大小同胡萝卜丁；青豆和玉米粒分别洗净。

2.锅置火上，放油烧热，放入玉米粒、青豆、胡萝卜丁和火腿肠丁，加盐翻炒一会儿拌匀出锅。

功效：这道菜富含多种维生素、矿物质和蛋白质，膳食纤维十分丰富，适合便秘的准妈妈食用。

豆角炒肉

原料：猪肉100克，豆角300克。

调料：盐适量，五香粉、鸡精、香油各少许，姜丝、植物油各适量。

做法：

1.瘦肉洗净，切丝备用；豆角洗净，择除豆筋，沿纵向剖成两半。

2.锅中倒入适量的油，下入姜丝爆香，然后放入肉丝，炒至变色，倒入豆角。

3.待豆角将熟，放入盐、五香粉和鸡精调味，出锅前淋几滴香油即可。

功效：豆角富含B族维生素、维生素C和植物蛋白质，不仅能为准妈妈提供充足的能量，还有促进胃肠道蠕动的功能，缓解孕期便秘带来的不适。

孕9月

少吃多餐缓解胃灼热

孕33～36周的胎儿和准妈妈

第33周的胎宝宝

这段时间，胎儿的皮下脂肪较前段时间大为增加，身体真正变得圆润。有的胎儿现在头发已经非常浓密，也有的胎儿比较稀疏，不过这跟日后的发质没有必然联系，不必太在意。另外，胎儿的手指甲和脚趾甲长长了。

胎儿的生殖器发育也赶了上来，男宝宝的睾丸从腹腔降入了阴囊，当然也有的宝宝会在出生当天或者更晚一些时候才让睾丸进入阴囊；女宝宝的外阴唇已经明显隆起，左右紧贴，可以说胎儿的生殖器发育已接近成熟。

在本周，性急的胎儿头部开始降入骨盆，不过大多数都要在34周以后才会有这样的举动，还需要耐心等待。

第34周的胎宝宝

现在胎儿已经不再是个干瘪"小老头"，他已经变得圆润漂亮了。他的体重在快速增加（从33周到40周，胎儿的体重增长几乎是出生时体重的一半）。

现在，胎儿身体骨骼已经变得结实起来，但是头骨现在还是比较柔软的，而且每块头骨之间还留有空间，这是为了在分娩时，头部可以顺利通过狭窄的产道。胎儿的生命力在此时已经非常顽强，如果现在早产也能很好地存活下来。

胎儿已经准备好了出生的姿势，头朝下的体位固定下来。大部分胎儿的头部已经下降入骨盆，紧压在子宫颈口，有的胎儿会到分娩的时候才入盆。但也有少数胎儿仍然保持着臀位姿势，准妈妈不用过于担忧，医生会帮你想办法的。

　　胎儿变得越来越大了，他现在重约2500克，从头部到臀部长约33厘米。体内的脂肪在继续增加，身体圆滚滚的。

　　胎儿完成了大部分的身体发育。两个肾脏已经发育完全，肝脏也能够代谢一些废物了。神经系统和免疫系统仍然在发育——除了不会哭，现在的胎儿从外型到各种能力基本和新生儿一样了。

　　准妈妈现在可能会感觉他的活动量小了，那是因为胎儿变得越来越大，准妈妈子宫空间越来越小，所以他已经不是在漂浮着了，也不太可能再拳打脚踢了。不过，准妈妈还是要继续坚持计数胎动，每12小时在30次左右为正常，如果胎动变少应引起警觉，少于20次可能缺氧，少于10次则应及时就诊。

　　随着脂肪和肌肉的逐渐增加，胎儿的体重已经增长到大约2700克，从头部到臀部也增长到了大约34厘米。现在，通过B超或触诊可以估计出胎儿的体重，但在最后4周内他的体重可能还会增加不少。

　　覆盖胎儿全身的绒毛和在羊水中保护胎儿皮肤的胎脂正在开始脱落，皮肤变得细腻柔软，变得越来越漂亮了。而且，他现在已经像新生儿一样，能够自由地活动，手碰到嘴唇时，会吸吮自己的小手，已经有了很好的吸吮能力，他还会自由地把眼睛睁开或闭上。

　　由于子宫的空间越来越小，胎儿的运动空间大大缩减，但动作却变得更有力、更明显。

准妈妈的变化

变化	准妈妈的变化	原因及保健建议
看得见的外在变化	肚子进一步长大,高高隆起的腹部甚至使准妈妈看不到自己的脚尖	身体的平衡性变差,走路、拿东西、干家务时更困难,准妈妈行动时要轻缓,保证自身安全
	下肢水肿、静脉曲张继续加重,还可能长出静脉瘤	增大的子宫压迫到了准妈妈的下肢静脉。保持清淡饮食,注意避免双腿劳累,可以减轻水肿症状
看不见的体内变化	食欲变得较差,心跳加快,经常感到心慌气短	子宫底逐渐上升到肋骨下缘,紧紧压迫心脏、肺、胃等内脏器官,进而影响到食欲、呼吸等
	便秘、痔疮会进一步加重,尿频重新出现	原因是增大的子宫压迫到了准妈妈的直肠、膀胱
	容易疲劳,感觉睡眠不足	这与孕晚期的各种不适有关,沉重的身体负担让准妈妈更容易疲劳,睡眠质量也大不如前
微妙的情绪变化	可能出现产前焦虑情绪	学会倾诉,跟有过生育经验的妈妈多讨教,建立分娩信心。轻松舒缓的音乐对缓解紧张焦虑有帮助

重点营养素——膳食纤维

膳食纤维可促进肠胃蠕动

膳食纤维是食物中不被人体胃肠消化酶所分解、不可消化成分的总和，包括许多改良的植物纤维素、胶浆、果胶、藻类多糖等。膳食纤维可刺激消化液分泌，加速肠蠕动，在肠道内吸收水分，使粪便松软。膳食纤维摄入不足极容易引发或加重孕期便秘、痔疮。

建议准妈妈每日膳食纤维总摄入量在20克～30克为宜。一般情况下，人们每日从常见蔬菜、水果中摄入8克～10克膳食纤维（相当于摄入500克蔬菜、250克水果的情况）。

富含膳食纤维的食物

膳食纤维分可溶性和不溶性两类，可溶性膳食纤维主要在豆类、水果、紫菜、海带中含量较高；不溶性膳食纤维存在于谷类、豆类的外皮，植物的茎、叶，虾壳、蟹壳中。麸皮中的膳食纤维十分丰富。

过量摄入膳食纤维不可取

补充膳食纤维不要矫枉过正，过量的膳食纤维，可能导致发生低血糖反应，降低蛋白质的消化吸收率。此外，大量进食膳食纤维，在延缓糖分和脂类吸收的同时，也在一定程度上阻碍了部分常量和微量元素的吸收，特别是钙、铁、锌等元素。患有糖尿病的准妈妈要注意避免过量补充膳食纤维，因为糖尿病患者的胃肠道功能较弱，胃排空往往延迟，所以大量补充膳食纤维可能使糖尿病患者的胃肠道"不堪重负"，甚至出现不同程度的胃轻瘫。

日常饮食应该做到食物多样，谷类为主，粗细搭配，这才是最佳的营养均衡之道。

本月重点：缓解胃灼热

为什么饭后老觉得胃有烧灼感

孕晚期经常感到胃有烧灼感的准妈妈，很可能是因为胃灼热。其产生原因有两方面：一是因为内分泌变化及子宫对胃部的压力造成胃酸反流；二是随着子宫的增大，胃肠被迫向上推移，致使胃肠蠕动速度降低，从而使胃的排空变慢。

孕期胃灼热是一种正常的妊娠反应，会在分娩后消失，准妈妈不必过于担心。

为了缓解和预防胃灼热，准妈妈在日常饮食中应避免过饱，不要吃口味重或油煎的食物，以免加重胃的负担。另外，临睡前喝一杯热牛奶，有很好的缓解作用。建议未经医嘱不要服用治疗消化不良的药物。

少吃多餐，可缓解胃灼热

因为胃容量变小了，准妈妈每餐食量有所减少。不要介意，过一会儿消化了一些之后再吃，也可以每餐少准备一些，每天多吃1~2餐。

另外，就是要细嚼慢咽，细嚼慢咽可以让食物在口腔里得到较充分的消化和分解，胃肠道的消化压力就会减少些。而且，细嚼慢咽可以更充分地刺激消化腺分泌更多的消化液来帮助消化。细嚼慢咽也可以预防吃得过多导致的胃灼热。

胃灼热的准妈妈要少吃的食物

酸性水果	橘子、橙子、西红柿等含酸多的食物很容易引起胃灼热
油腻高脂食物	煎炸等油腻食物消化时所用的时间比较长，很容易引起食物和胃酸的反流
甜食	蛋糕、巧克力、冰激凌、糖果等食物容易令人有饱足感，同时也需要一定时间让胃部进行调整和适应
刺激性食物	茶、咖啡、醋、辣椒等食物容易刺激胃黏膜，同样会引起胃灼热
流质食物	不宜多吃，因为流质食物容易反流，加重胃灼热

减轻胃灼热的进食小窍门

胃灼热表现为胃部不适感、胃痛，主要为胃胀胃痛、恶心想吐、喉咙灼烧感等，准妈妈有上述症状时，可以尝试以下方法来减轻胃灼热。

1.适当吃些具有清胃火和泻肠热等功能的食物，如豆腐、绿豆、苦瓜、白菜、芹菜、香蕉、梨等。

2.饭前喝些牛奶。牛奶会在胃里形成一层保护膜，保护胃部减小刺激，从而减轻胃灼热。

3.饭后半小时之内不要卧床，饭后站立或走动至少半小时，可以加快食物通过胃部的速度，减轻胃负担。

4.睡前2小时避免进食。睡觉时尽量将头部垫高，以防胃酸逆流。躺下后，以手抱膝向右侧卧，这样可以把扩张的子宫拉离胃部，使食物顺利通过肠道，减轻胃负担。

5.服用药物中和胃酸，但是一定要在医生的指导下进行。

按时吃饭会让肠胃更舒适

饮食不规律对胃的健康损害很大，因为食物在胃内的停留时间为4~5小时，当人感到饥饿时，胃里其实早已排空，此时胃液就会对胃黏膜进行"自我消化"，也就是"胃自己吃自己"，容易引起胃炎和消化性溃疡。准妈妈本身肠胃功能减弱了，如果不能按时吃饭、规律饮食，肠胃负担就更重了，更容易发生胃灼热。

适当运动刺激肠胃蠕动

适量的运动对增强消化系统功能有非常好的作用，它能够加强胃肠道蠕动，促进消化液的分泌，加强胃肠的消化和吸收功能。

运动还可以增加呼吸的深度与频率，促使隔肌上下移动和腹肌较大幅度地活动，从而对胃肠道起到较好的按摩作用。

对于孕晚期的准妈妈来说，散步是一种很好的运动方式。每天走一走动一动，不仅对消化系统有好处，也有助于准妈妈控制体重。注意，由于大腹便便，出门的时候一定要注意安全，如果可以，尽量让人陪伴同行。

吃出营养力

增加营养吸收的配餐法

1.尽量多吃不同种类的食物，每天除了水以外，建议吃30～35种食物（调料种类也包括在内）。

2.一天内所吃食物的种属越远越好，比如鸡、鱼、猪搭配就比鸡、鸭、鹅或猪、牛、羊搭配要好。蔬菜、肉、粮食等不同种类的食物都要吃，让营养素共同发挥作用。

3.注重主食与副食平衡搭配。小米、燕麦、高粱、玉米等杂粮中的矿物质营养丰富，人体不能合成，只能靠从外界摄取，因此不能只吃菜、肉，忽视主食。

4.酸性食物与碱性食物应平衡搭配。酸性食物包括含硫、磷等非金属元素较多的食物，如肉、蛋、禽、鱼虾、米面等；碱性食物主要是含钙、钾、钠、镁等金属元素较多的食物，包括蔬菜、水果、豆类、牛奶、菌类等。

5.干稀食物要平衡。只吃干食会影响肠胃吸收，容易形成便秘；而光吃稀的则容易造成维生素缺乏。

胎宝宝偏小，准妈妈该怎么吃

胎宝宝偏小是产检中可能得出的一个判断，其原因有很多，准妈妈营养不良、遗传、脐带过度扭转、胎盘功能不全、妊娠糖尿病、妊娠高血压综合征等都有可能导致胎宝宝偏小。所以不能听到胎宝宝偏小就开始大补特补，尤其在孕晚期不要这样做，以免走到另一个极端，就是形成巨大儿，造成难产或者使身体负担加重，引起更大的风险。

胎宝宝偏小的时候，准妈妈可以先检查一下自己的体重和饮食结构，如果体重增加正常，没有明显低于平均水平，而饮食结构也很合理，那么此时是不需要再额外增加营养的，只要维持本来的标准即可。如果确实准妈妈的体重增加偏少，也比较偏食，就需要调整一下饮食结构，增加高营养食物，如孕妇奶粉等。当然，增加多少、怎么增加也要听从医生吩咐。

补充营养素，减轻疲劳感

食物分类	功效	列举食物
维生素B$_1$	维生素B$_1$缺乏或不足，常使人感到乏力，因此多吃含维生素B$_1$的食物可以消除疲劳	动物内脏、肉类、菌类、酵母、青蒜等
维生素B$_2$	维生素B$_2$缺乏或者不足，肌肉运动无力，耐力下降，也容易产生疲劳	动物内脏、蛋类、牛奶、大豆、豌豆、蚕豆、花生、紫菜等。
维生素C	在体力劳动量大时及时补充维生素C，可以增强肌肉的耐力，加速体力的恢复	青辣椒、红辣椒、菜花、苦瓜、油菜、小白菜、酸枣、鲜枣、草莓等。
天门冬氨酸	具有明显的消除疲劳的作用	鳝鱼、花生、核桃、芝麻等
碱性食物	可中和体内的乳酸，降低血液和肌肉的酸度，增强机体的耐力，从而达到抗疲劳的目的	新鲜的水果和蔬菜

适合准妈妈的低热量营养零食

红枣	具有补血安神、补中益气、养胃健脾等功效
板栗	有补肾强筋、养胃健脾、活血止血之功效
花生	有和胃、健脾、润肺、化痰、养气的功效
西梅	富含维生素A、钾、铁，对预防孕晚期缺铁性贫血、减轻水肿有帮助
瓜子	富含维生素E等多种营养成分，且比例均衡，有利于人体的吸收和利用
奶酪	具有丰富的蛋白质、B族维生素、钙和多种有利于准妈妈吸收的微量营养成分
葡萄干	能补气血，利水消肿，其含铁量非常高，可以预防孕期贫血和水肿
无花果	能健胃润肠，还能催乳，是孕晚期的绝佳零食，尤其是有些孕晚期便秘的准妈妈更适合多吃

晚上睡不好的准妈妈吃什么好

牛奶	牛奶是公认的催眠食品。如果在牛奶中加些糖，其"催眠"效果就更明显。所以睡前喝一杯加糖的牛奶，可以帮助准妈妈更快入睡，睡得更熟
小米粥	小米也具有安神催眠的作用，将小米熬成稍稠的粥，睡前1小时适量进食，有助于睡眠
新鲜水果	水果属碱性食物，有抗肌肉疲劳的作用
含铜较多的食物	如墨斗鱼、鱿鱼、蛤蜊、蚶子、虾、动物肝肾、蚕豆、豌豆和玉米等。铜和人体神经系统的正常活动有密切关系。当人体缺少铜时，会使神经系统的抑制过程失调，致使内分泌系统处于兴奋状态，从而导致失眠

改善睡前习惯，睡个好觉

1.临睡前别再吃过多食物。准妈妈的肠胃功能在孕期有所下降，进食过多会加重肠胃负担，导致烧心、消化不良，引起失眠。建议准妈妈晚上吃得简单些，吃饭后至少2小时再睡觉，如果需要吃宵夜，要选择粥、面包等易消化的食物。

2.不要空腹睡觉。让胃空着会影响睡眠，实在吃不下东西时，可吃些清淡的零食。

3.不在临睡前大量喝水。虽然准妈妈需要保证饮水量，但不提倡准妈妈睡前喝太多水，以免频繁起夜，影响睡眠，如果担心饮水量不够，可以在白天适当多喝些水。

"有食欲"的用餐环境

1.就餐场所应该安静、整洁。脏乱、嘈杂的就餐环境，会影响食欲和对食物的消化吸收，对健康不利。

2.避免在餐桌上谈论不愉快的事及争吵，不良情绪会影响进食。建议谈论些在工作或学习中的趣事、开心事，良好的情绪会有利于消化液的分泌、食物的摄取和消化。

3.在有条件的情况下，可以购买配套的餐桌餐椅，以及色调和谐的餐具，这些搭配会给人以清新、舒适的感觉，有利于增进食欲。桌面颜色和餐具颜色以淡

雅的色调为好，淡雅的底色才能衬托出菜肴的色彩。

4.用餐的时候可以播放一些轻快的乐曲，可以促进食欲，有利于食物的消化吸收，愉悦身心。

5.不宜边吃饭边看电视，边吃饭边看电视往往忽视了食物的味道，影响食欲。同时，看电视会增加大脑负担，抑制消化器官功能，致使消化液减少，影响食物的消化吸收。

避免使用含铅的餐具

油漆餐具	油漆大多含有铅、镉、苯等有害物质，在高温下使用或长期使用，都可能导致慢性中毒，损害健康
密胺餐具	这种餐具不能放入微波炉加热，也不宜盛放高度酒和酸性饮料，否则很可能稀释三聚氰胺，危害健康
色彩鲜艳的瓷器	有些制造方为了保证餐具的美观不易碎，会在彩釉中加入铅、汞、镭、镉等对人体有害的重金属元素。这种餐具如果用来盛放牛奶等含有有机酸的食物，其中的有毒物质就会释放出来，侵害人体
一次性餐具	摸起来软绵绵、遇热就变形、轻轻一撕就破裂的一次性餐具，属于典型的有害餐具，不宜使用

均衡营养的一日配餐

早餐	花卷1个（100克） 煮鸡蛋1个（70克） 豆浆1杯（250毫升） 西瓜西米露1碗（50克）
加餐	早餐后或午餐前1～2小时：橘子1个
午餐	大米饭1碗（150克） 海米菜花1碟（200克） 冬菇扒茼蒿1碟（100克）
加餐	午餐后或晚餐前1～2小时：榛子5个
晚餐	大米饭1碗（150克） 红烧五花腩1碟（100克） 银牙鸡丝1碟（100克） 百合猪蹄汤1碗（100毫升）
加餐	晚餐后1小时：全麦面包1片（25克） 临睡前1小时：牛奶100毫升

食疗调养好孕色

帮助安睡

莲子百合炖银耳

原料：莲子、百合(干)各40克，银耳20克。

调料：冰糖10克。

做法：

1.将银耳用清水浸透发开，拣洗干净，沥干水备用。

2.莲子去心，用水浸透，洗净；百合洗净。

3.将莲子、百合、银耳、冰糖一起放入炖盅，加适量凉开水，盖上盅盖，隔水炖1.5小时即可。

功效：百合中含有的百合苷，有镇静和催眠的作用。准妈妈常喝这道汤可以治疗失眠。

百合小米粥

原料：小米100克，百合（干）、花生米各30克，红枣6颗。

调料：冰糖适量。

做法：

1.将百合、红枣和花生米洗净后，用清水泡发；花生去掉外皮备用。

2.小米淘洗干净，放入水中浸泡30分钟。

3.锅置火上，加入适量清水，放入小米和花生，大火煮沸后，改小火煮40分钟，期间不断翻搅，避免小米粘锅。

4.煮至粥浓稠，将红枣、百合和冰糖放入小米粥中，加入适量开水稀释粥底，以小火继续煮30分钟即可。

功效：这道粥具有镇静安神的功效。

红枣莲子粥

原料：糯米150克，红小豆30克，红枣10个，莲子、去皮山药、花生各适量。

调料：白糖少许。

做法：

1.先将红小豆放入锅内加适量水煮烂。

2.再将糯米、红枣、莲子、花生放入锅内同煮。

3.最后将去皮的山药切成小块，加入粥里煮软，最后加白糖调味即可。

功效：莲子有安神益脑的功效，红枣能安中养脾，除烦闷，二者搭配使用有助于缓解失眠症状。

安胎防早产

原料：山药300克。

调料：葱丝、姜丝、白醋、白糖、盐各适量，鸡精少许。

做法：

1.山药洗净，去皮切片；将白醋、白糖、盐、鸡精混合，调成料汁。

2.锅中倒入适量油烧热，翻入葱丝、姜丝炒香，下山药片炒片刻，倒入调好的料汁翻炒均匀，继续炒至山药熟透即可。

功效：山药有健脾益胃、补精益气、消除疲劳的作用，还含有丰富的碳水化合物、蛋白质和膳食纤维，有平衡血糖、保肝解毒的作用，十分适合准妈妈食用。

原料：乌鸡500克，冬菇9个，红枣6颗。

调料：姜2片，盐少许。

做法：

1.乌鸡洗净斩块；冬菇用温水泡半天，洗净后在表面划几刀；红枣去核。

2.锅内放适量水烧水，把乌鸡放进锅里汆烫去血沫。

3.准备好汤煲，放入所有材料，大火烧开后转小火煲2小时，最后加盐调味即可。

功效：乌鸡内含丰富蛋白质，B族维生素及铁、磷、铁、钾、钠等多种矿物质和微量元素，胆固醇和脂肪含量却很低，对准妈妈来说是营养价值极高的滋补汤品。

原料：西米100克，红枣10颗，鸡蛋1个。

调料：桂花糖2克，红糖10克。

做法：

1.西米用清水浸泡，淘洗干净；红枣去核，洗净切丝；鸡蛋磕入碗中，搅打成液。

2.锅置火上，加入适量清水，烧开，加入红枣、红糖、西米，大火烧煮成粥。

3.倒入鸡蛋液，洒上桂花糖即可。

功效：红枣有益气养血安胎的功效，主治气血两虚型先兆早产。

减轻孕晚期便秘

冬菇扒茼蒿

原料：茼蒿400克，冬菇100克。

调料：料酒、水淀粉各10克，盐2克，香油5滴，鸡精少许，葱白1段，蒜4瓣，植物油适量。

做法：

1.将茼蒿洗净切段，投入沸水中氽烫一下，沥干；将冬菇洗净，切成小片；葱切段，蒜切片。

2.锅置火上，放油烧热，放入葱段、蒜片爆香，再放入冬菇片，翻炒至断生，倒入茼蒿段，加入料酒、盐，煸炒至熟。

3.最后用水淀粉勾芡，淋入香油，加入鸡精炒匀即可。

功效：冬菇中含有丰富的维生素D，可以促进准妈妈体内钙的吸收；茼蒿中的粗纤维有助于肠道的蠕动，具有通便的功效。

素什锦

原料：花生、黄瓜、胡萝卜、菜花、莴笋各50克。

调料：盐、鸡精、香油，植物油各适量。

做法：

1.胡萝卜、莴笋均洗净去皮切成小块；黄瓜洗净切小块；菜花洗净掰成小块；花生洗净备用。

2.锅里放油，小火将花生炸出香味；放入胡萝卜块、菜花块一起煸炒；放入盐调味，加少许清水，盖上锅盖焖5分钟。

3.加入黄瓜块、莴笋块翻炒片刻，加入鸡精、香油调味即可。

功效：这道菜色美味鲜，香脆可口，并且富含多种维生素、膳食纤维，适合便秘的准妈妈食用。

银芽鸡丝

原料：芹菜、胡萝卜各50克，鸡胸肉、绿豆芽各200克。

调料：盐、糖、香油各适量，黑胡椒粉少许。

做法：

1.鸡胸肉洗净，放入锅中加半锅冷水煮开，焖10分钟，捞出冲冷水，待凉，用手剥成细丝备用。

2.芹菜洗净，切成3厘米小段，绿豆芽洗净，去除根部，一起放入沸水中氽烫，捞起，以冷开水冲凉。

3.胡萝卜去皮，切细丝，放入碗中加一半盐腌至微软，以清水冲净，放入盘中。加入烫好的鸡丝和芹菜段、绿豆芽混合搅拌，加入剩余的盐与糖、香油、黑胡椒粉拌匀即可。

功效：绿豆芽中的很多营养成分相比绿豆更容易为人体所吸收，且纤维素很丰富，可缓解孕晚期的便秘，鸡肉则为准妈妈提供了必要的蛋白质、矿物质成分。

消除水肿

原料：芹菜300克，墨鱼100克，干香菇2朵。

调料：料酒、盐各适量，味精、香油各少许。

做法：

1.香菇用温水泡发，去蒂洗净，切丝；芹菜择去叶、根，洗净，切成长2厘米的段；墨鱼洗净，切丝。

2.锅中加适量清水，烧开，加入料酒，将墨鱼丝放入锅中煮1分钟，捞出备用。

3.锅中倒入适量油，烧至八成热，放入芹菜翻炒3～4分钟，再放入香菇丝和墨鱼丝继续翻炒2分钟，加入盐、味精炒匀，淋上香油即可。

功效：芹菜可降低血压，同时还有养神益气、平肝清热、消肿减肥的功效。

原料：冬瓜500克，红小豆30克。

调料：盐少许。

做法：

1.将冬瓜去皮，去瓤，洗净；红小豆洗净，用清水浸泡半个小时。

2.将冬瓜、红小豆放入锅中，加入适量清水，煮汤。

3.加入盐即可。

功效：冬瓜与红小豆都有上佳的利尿祛湿功效，另外，红小豆含有较多的膳食纤维，可以润肠通便、降血压、降血脂，很适合此孕期的准妈妈食用。

降低血糖

里脊肉炒芦笋

原料：嫩里脊肉150克，青芦笋3根，木耳适量。

调料：大蒜4瓣，盐少许，胡椒粉1克，水淀粉适量。

做法：

1.将木耳泡发洗干净，捞起后沥干，切丝；嫩里脊肉切成细条；青芦笋切成小段。

2.锅置火上，放油烧热，放入蒜片爆香，再放入里脊肉、青芦笋和木耳炒匀，加入盐和胡椒粉炒熟，最后用水淀粉勾芡即可盛盘。

功效：青芦笋含有丰富的维生素E、维生素C和膳食纤维，有清血和平衡血糖的功能，所以非常适合患有妊娠糖尿病的准妈妈食用。

牛肉苦瓜汤

原料：牛柳肉100克，苦瓜30克。

调料：酱油、香油、料酒、淀粉、盐各适量，白糖半小匙。

做法：

1.将淀粉、酱油、白糖、料酒、香油同放一个碗里调成腌汁。

2.牛肉切薄片，加入腌汁拌匀，腌约10分钟；苦瓜切稍厚的片。

3.锅中加约1000毫升水，烧沸后下苦瓜片用中火煮软熟。

4.在汤里放盐调好味，下入牛肉片稍煮片刻后搅散，继续煮1分钟至牛肉断生即可。

功效：苦瓜清心除烦，清肝明目，非常适合高脂血症、肥胖、糖尿病属肝火盛的准妈妈食用。

黄瓜木耳汤

原料：黄瓜2条，干木耳20克。

调料：酱油、香油、盐、味精各适量。

做法：

1.黄瓜削去外皮，切成片；木耳用温水泡发后，摘去硬蒂洗净，并撕成小朵。

2.锅置火上，放油烧热，放入木耳略炒。

3.加入清水和酱油烧开，然后倒入黄瓜片煮熟，加入盐、味精、香油调味即可。

功效：木耳富含蛋白，脂肪含量低，不含胆固醇，也不容易引起血糖升高，可以常吃。

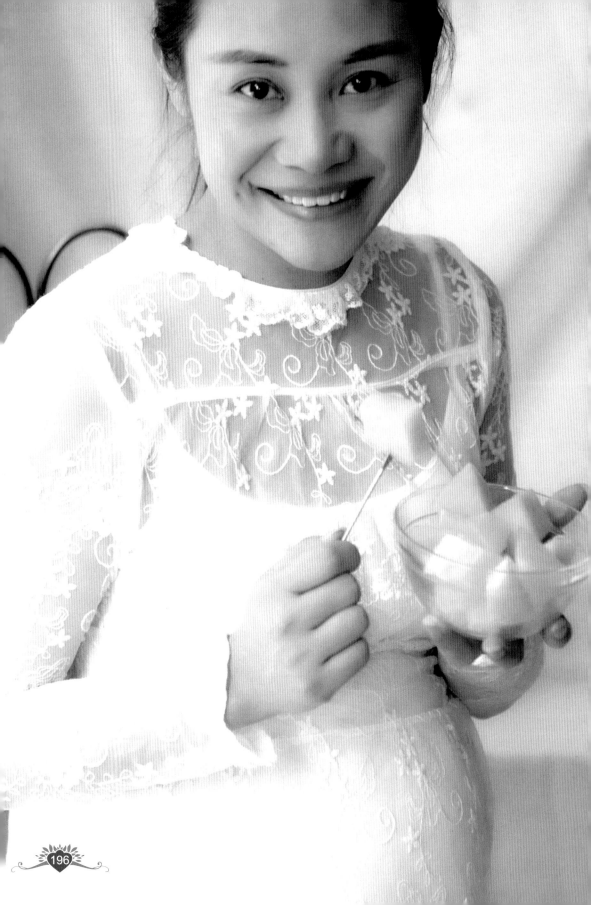

孕10月
分娩前后的饮食要点

孕37～40周的胎儿和准妈妈

第37周的胎宝宝

虽然胎儿的体重仍在继续增加，但胎儿现在已经发育完全，头部已经完全入盆，为在子宫外的生活做好了准备，随时等待着降生。

这时候，很多胎儿的头发已经长得又长又密了，但是也有一些胎儿出生时几乎没有头发，或者只有淡淡的绒毛。准妈妈不必太过担心胎儿头发的颜色或疏密，因为这个时候的头发情况并不决定出生后的情况，日后随着营养的补充，胎儿的头发自然会变得浓密光亮。

胎儿现在的姿势应该是头朝下的，这是自然分娩的最理想姿势。如果胎儿现在还没有把头转下来，那么以后转成头位的机会也不多了。

第38周的胎宝宝

胎儿的脂肪已经多起来了。他现在可能重约3100克，从头顶到臀部的坐高大约35厘米，与上周相比，身长基本没有太大变化。

现在胎儿的各个器官发育完全并已各就各位，脑部开始工作，肺部表面活化剂的产量开始增加，使肺泡张开，脑部和肺部会在出生后继续发育成熟。

胎儿本身的免疫系统已经建立，不过还不十分成熟，为了弥补这种不足，胎儿可以通过胎盘和哺乳接受来自母亲的抗体。

第39周的胎宝宝

现在胎儿的体重已经长到了3250克左右，一般情况下，男孩比女孩的平均体重要略重一些。由于皮下脂肪的增厚，胎儿皮肤的颜色开始从粉红色变成白色或蓝红色，而且越来越光滑了，胎毛正在消失，若胎毛保存到出生，多会出现在胎儿的肩部、前额和颈部。

胎儿的头部已经固定在骨盆中。头盖骨很软，这是为了在分娩的时候能经受挤压，以便顺利通过产道。

接下来的一段时间里，胎儿将会继续从血液和羊水里吸取最重要的物质——抗体，它能够为胎儿提供免疫力以对抗许多疾病。

第40周的胎宝宝

本周，胎儿身长约50厘米，体重约3400克。

胎儿的腹部可能比头部稍微大一些，脂肪所占的比例非常大，占全部体重的15%左右，身体内的所有器官和系统都已经发育成熟。

现在，胎儿的重要生命线——胎盘正在逐渐老化，传输营养的效率在逐渐降低，到胎儿娩出，它的使命就完成了。同时，胎儿所处的羊水环境也有所变化，原来清澈透明的羊水变得浑浊，成了乳白色的液体了。

胎儿现在正等待着呼吸第一口空气，当他出生后第一次呼吸时，会激发心脏和动脉的结构迅速产生变化，从而使血液输送到肺部。胎儿出生后第一声啼哭通常都是没有眼泪的，因为他的泪腺功能还没有发育成熟，这种情况会持续两三周。

准妈妈的变化

变化	准妈妈的变化	保健建议
看得见的外在变化	阴道分泌物会不断增加	如果发现阴道排出带有血丝的黏液，说明再有1周左右就要分娩了，准妈妈要避免做剧烈活动，并注意观察分泌物的排出情况。如果阴道排出粉红色或褐色的黏稠液体，通常再过24小时就会分娩。如果阴道流出超过平时的月经量的鲜血（通常伴有肚子痛），说明即将分娩，一定要马上去医院
看不见的体内变化	假宫缩越来越频繁，持续时间延长，假宫缩带来的不适感加重	出现假宫缩时要注意休息，不要刺激腹部。若宫缩频繁需卧床休息。如果同时伴有腰酸和腹痛要及时去医院就诊
	多数胎儿头部进入骨盆，子宫底下降，准妈妈的呼吸会变得比较轻松，"烧心"有所好转	但是，胎儿下降会给下半身增加压力，准妈妈可能经常觉得下腹部有坠胀感，有的准妈妈连走路都会受到影响
微妙的情绪变化	可能会做更多的胎梦，有些梦还特别奇怪	梦是人的潜意识的投射，对分娩及将为人母的焦虑会让准妈妈浮想联翩，有诸多怪梦也就不奇怪了

重点营养素——糖类与锌

糖类是主要能量来源

糖类，也就是碳水化合物，是人类从膳食中取得热能最经济和最主要的来源。它在体内起到提供热能、维持心脏和神经系统正常活动、节约蛋白质、保肝解毒的作用。怀孕期间会消耗更多的能量，所以适量摄入优质的碳水化合物对准妈妈和胎宝宝更加重要。如果在孕期缺乏碳水化合物，就缺少能量，准妈妈会出现消瘦、头晕、无力甚至休克症状。

一般情况下，碳水化合物不容易缺乏，但在孕早期由于早孕反应则容易缺乏，孕中期消耗能量较多，注意摄入即可。在总热能摄入量中，碳水化合物一般占60%～70%为宜，约合每天500克主食，摄入过量，可导致肥胖，血脂、血糖升高，生产巨大儿，甚至导致孩子患Ⅱ型糖尿病。

糖类的食物来源

多糖类主要来自谷类、薯类、根茎类食物，单糖与双糖类除部分来自天然食物外，大部分以制成品的形式（如葡萄糖与蔗糖）直接摄取。

锌为胎儿发育保驾护航

锌是人体必需的微量元素之一，在人体生长发育、生殖遗传、免疫、内分泌等重要生理过程中起着极其重要的作用，被人们冠以"生命之花""智力之源""婚姻和谐素"的美称。人体内有70多种酶和锌有关系，锌通过对蛋白质和核酸的作用，促进生长发育和组织再生。

锌缺乏时会影响到胎儿的生长，使心脏、脑、胰腺、甲状腺等重要器官发育不良，还可能对胎儿有致畸作用。准妈妈缺锌会出现味觉和嗅觉失常、食欲不振、消化和吸收不良、免疫力降低等症状。

孕期锌的推荐量为每日20毫克。

富含锌的食物

锌在牡蛎中含量十分丰富，其次是鲜鱼、牛肉、羊肉、贝壳类海产品。经过发酵的食品含锌量会增多，如面筋、烤麸、麦芽都含锌。豆类食品中的黄豆、绿豆、蚕豆等，硬壳果类的花生、核桃、栗子等，均含锌。

食物名称（每100克）	锌含量（毫克）	食物名称（每100克）	锌含量（毫克）
牡蛎	9.39	绿茶	4.34
口蘑	9.04	黑豆	4.18
香菇	8.57	鸡腿菇	3.95
白瓜子	7.12	黑米	3.8
炒西瓜子	6.76	荞麦	3.62
瘦羊肉	6.06	燕麦	2.59
猪肝	5.78	花粉	2.53
梭子蟹	5.5	对虾	2.38
牛肉	4.73	带鱼	0.7

少吃味精以免影响锌摄入

味精对人体没有直接的营养价值，但它能增加食品的鲜味，引起人们食欲，有助于提高人体对食物的消化率。现在的味精主要成分是谷氨酸钠。人体摄入过量谷氨酸钠，会出现嗜睡、焦躁等现象，限制人体对钙、镁、铜等必需矿物质元素的吸收利用，尤其容易导致人体缺锌。

味精可以放心食用，但不要使用量过大，一般每人每天食用量不要超过6克。婴幼儿建议不要食用味精，以免因为缺锌而影响身体和智力发育。

本月重点：为分娩储备能量

对自然分娩有益的食物

富含锌的食物	每天20毫克	锌对分娩的主要影响是可增强子宫有关酶的活性，促进子宫收缩，把胎儿娩出。富含锌的食物有肉类、海产品、豆类、坚果类等
富含维生素C的食物	每天130毫克	在怀孕前和怀孕期间未能补充足够维生素C的准妈妈容易发生羊膜早破。一般只要每日保证食用足量的新鲜果蔬，就能摄入充足的维生素C，准妈妈不必担心
富含维生素B₁的食物	每天1.5毫克	维生素B_1补充不足，易引起呕吐、倦怠、体乏，还可能影响分娩时子宫收缩，使产程延长，分娩困难
富含维生素K的食物	70微克～140微克	如果缺乏维生素K，会造成新生儿在出生时或满月前后出现颅内出血

阵痛期间饮食注意事项

由于阵阵发作的宫缩痛，常影响准妈妈的胃口，准妈妈应学会宫缩间歇期进食的"灵活战术"。可每日进食4～5次，少吃多餐。食物以易消化、少渣、可口为好，半流质食物如面条鸡蛋汤、面条排骨汤、牛奶、酸奶、巧克力等都可以。但不要大吃大喝，大吃大喝超出限度，不但于自然分娩不利，还可能引起腹胀、消化不良、呕吐等情形，所以产前吃8～10个鸡蛋可以增加产力的说法是不科学的。另外，产前还需要适当补水，直接喝水，或喝牛奶、果汁，或吃水分比较足的水果都可以。

适当吃些纯巧克力"助产"

在所有高能量的食物中，营养学家首推巧克力作为"助产力士"。每100克巧克力中含有碳水化合物50多克、蛋白质15克，可以释放出大量的能量，而且其中的碳水化合物吸收利用速度特别快，是鸡蛋的5倍。另外，巧克力中的微量元素、维生素、铁、钙等营养素含量也较丰富，对于准妈妈产后产道修复、泌乳和增加乳汁营养也都很有益处，所以准妈妈在待产时可以适当吃些巧克力。越纯的巧克力越有效。

临产前不宜吃的食物

临产前大块固体状食物和豆类食品要少吃。大块状固体食物在短时间内难以消化，如果中途转剖宫产，大块没有消化的食物会给清胃造成一定的麻烦。豆类食品则是因为难消化还容易产气，对自然分娩不利，所以不宜多吃。

第一产程期间的饮食

从子宫开始出现规律性的收缩直到子宫口开全，为生产过程中的第一产程。如果准妈妈是第一次生孩子（初产妇），这一过程约需要12小时；如果准妈妈曾经有过分娩的经历（经产妇）则只需6小时左右。

由于这段时间比较长，准妈妈的睡眠、休息、饮食等又会受到接踵而至的阵痛的影响，所以为了保证有足够的精力来完成接下来的分娩过程，准妈妈需要尽量进食。此时准妈妈的消化能力较弱，易积食，所以最好不要吃不易消化的油炸等油腻性食物或含蛋白质较多的食物，应以半流质或软烂的食物为主，如面条、粥、面包、蛋糕等。

第二产程期间的饮食

第二产程是子宫口开全到胎儿娩出的这段时间。这一产程初产妇约需2小时，经产妇约需1小时。

此期子宫收缩频繁，疼痛加剧，所以消耗的能量增加。此时，准妈妈应尽量在宫缩间歇喝一些果汁、红糖水，吃点儿藕粉等流质食物，以补充体力。一旦进入正式分娩，准妈妈就不能再进食或饮水了。

能否吃中药增加"产力"

准妈妈在临产前1周不宜吃人参、黄芪等补物。人参、黄芪属温热性质的中药，自然分娩前单独服用人参或黄芪，会因为补气提升的效果而造成产程迟滞甚至阵痛暂停的现象。

临床经验表明，一些准妈妈尤其是临产前的准妈妈，由于吃了黄芪炖鸡，不少人引起过期妊娠，或因胎儿过大而造成难产，结果只好做会阴侧切、产钳助产，甚至不利于剖宫分娩，给准妈妈增加痛苦。

自然分娩后的饮食

刚分娩的妈妈胃口及消化功能都不是很好，建议吃些容易消化的食物，如面条、米粥等，为了补充营养也要吃一些清淡的荤食，如肉片、肉末、鸡汤、鱼汤、瘦牛肉、鸡肉、鱼等，配上时鲜蔬菜一起炒，口味清爽，营养均衡。橙子、柚子、猕猴桃等水果也有开胃的作用。

产后提倡少吃盐，不过少吃盐并不是不吃盐，所以食物中还是要放点儿盐，否则妈妈吃不下，还是不利于恢复和泌乳。不要强迫妈妈吃不喜欢的食物，只要换有同等营养价值的其他食物即可，否则影响了食欲，再影响情绪，就得不偿失了。

剖宫产前的饮食

为能使术后尽快恢复如初，应注意术前饮食，不滥用高级滋补品，如高丽参、洋参等，不吃鱼类食品。因为参类含有人参贰，具有强心、兴奋作用，在手术时，准妈妈难与医生配合，且刀口较易渗息，影响手术正常进行和手术后产妇休息。鱿鱼体内含有丰富的不饱和脂肪酸——EPA，它能抑制血小板凝集，不利于术后止血与创口愈合。

剖宫产术后饮食

从营养方面来说，剖宫产的妈妈对营养的要求比正常分娩的妈妈更高。手术中的麻醉、开腹等手段，对身体是一次打击，因此，剖宫产的妈妈产后恢复会比正常分娩的妈妈慢些。同时，因手术刀口的疼痛，妈妈的食欲会受到影响。在手术后，妈妈可先喝点儿萝卜汤，帮助因麻醉而停止蠕动的胃肠道保持正常运动，以肠道排气作为可以开始进食的标志。

术后第一天：一般以稀粥、米糊、藕粉、果汁、鱼汤、肉汤等流质食物为主，分6～8次进食。

术后第二天：可吃些稀、软、烂的半流质食物，如肉末、肝泥、鱼肉、蛋羹、软面软饭等，每天吃4～5次。

第三天后：可以吃普通饮食了，注意补充优质蛋白质、各种维生素和微量元素，每天可选用主食350～400克、牛奶250～500毫升、肉类150～200克、鸡蛋2个、蔬菜水果500～1000克、植物油30克左右，这样才能保证产妇和婴儿的营养充足。

吃出营养力

产前抑郁症自测

据调查显示，有98%的孕妇在妊娠晚期会产生焦虑心理，有些人善于调节自己的情绪，会使焦虑心理减轻；有些人不善于调节，心理焦虑越来越重。产前焦虑会对母亲及胎儿造成直接的影响，如易造成产程延长、新生儿窒息，产后易发生围产期并发症等。

下面是产前抑郁症的症状。如果准妈妈有以下3种或更多症状，并持续2周以上，就应该想办法调整了。

- □ 觉得所有的事情都没有意思、没有乐趣
- □ 整天感觉沮丧、伤心，或"空荡荡的"，而且每天如此
- □ 难以集中精力
- □ 极端易怒或烦躁，或过多地哭泣
- □ 睡眠困难或睡眠过多
- □ 过度或从不间断地疲劳
- □ 总是想吃东西或根本不想吃东西
- □ 不应该的内疚感，觉得自己没有用，没有希望

增进食欲的饮食小窍门

如果准妈妈因情绪抑郁而影响食欲时，可尝试通过以下方法提高进食意愿。

1.家人可从准妈妈最喜爱的食物着手，经常做她喜欢吃的食物，尽量让她多吃点儿。

2.选择密度高、热量高的食物，烹调成混合型食物。

3.选择营养价值高的食物，包括肉、鱼、蛋、奶类食物，面制品可减少。

4.从营养学的角度来说，膳食当中的维生素B_1、维生素B_6、烟酸、维生素C、钾、铁和钙是对抗负面情绪的必需元素，而巧克力、奶酪、苹果、香蕉、金针菇、坚果（花生、核桃、松子等）、奶制品等则是保持平和心绪的食物。

吃什么可以缓解产前焦虑情绪

香蕉	香蕉里含有丰富的快乐激素，这些快乐激素可以增强神经功能，使你有个好心情
土豆	土豆是可以让人的情绪积极向上的食物，土豆的好处还在于能够迅速转化成能量，所以，平时多吃些土豆做的菜是快乐的秘诀
葡萄干等干果	慢慢地咀嚼这些干果，能吸收大量的微量元素和矿物质，激活大脑中的快乐激素
干香菇	干香菇是最好的维生素D的供应者，维生素D是促进快乐激素形成的重要营养元素
南瓜	营养成分丰富，营养价值高，有着很好的降糖、解毒作用，又能保护胃黏膜，利消化
樱桃	长期面对电脑的准妈妈会有头痛、肌肉酸痛等毛病，可吃樱桃改善状况

孕晚期手腕疼痛需要补钙吗

妊娠晚期有些准妈妈会发现自己的手腕只要弯到某一角度就会疼痛，有时候痛得连东西都拿不住，很多准妈妈以为是缺钙。其实是因为妊娠期筋膜、肌腱以及结缔组织变化，使腕管的软组织变紧而压迫正中神经，才引起双侧手腕疼痛、麻木、针刺或烧灼样症状，不需要补钙。

这种症状没有其他严重后果，一般不需要治疗，分娩后症状会逐渐减轻、消失，如果疼痛严重，可抬高手臂，手腕部用小夹板固定，适当休息即可。

少喝水不能减少尿频、漏尿

肚子越来越大了，子宫连膀胱的空间都挤占了，尿频可能再次光顾。一些准妈妈因为尿频就减少喝水量，口渴了才喝点儿，这是个认识误区。当人口渴时说明身体已经缺水了，而缺少水分，新陈代谢就会减慢，对准妈妈和胎宝宝都不利。

一般来说，每天喝1600~2000毫升水（相当于3~4瓶矿泉水的量，包括果汁和汤）才能够满足身体的需水量。建议准妈妈每隔2小时喝1次水，每日8次，一次的喝水量不要太大，200毫升左右就好，并在临睡前1~2小时内不要喝水。

均衡营养的一日配餐

早餐	全麦面包1个（100克） 煮鸡蛋1个（70克） 花生豆奶1杯（250毫升） 木耳烧丝瓜1碟（50克）
加餐	早餐后或午餐前1~2小时：葡萄10颗
午餐	大米饭1碗（150克） 猪肝拌黄瓜1碟（200克） 猕猴桃鲜笋鱼片1碟（100克）
加餐	午餐后或晚餐前1~2小时：花生1把（30克）
晚餐	大米饭1碗（150克） 西红柿焖牛肉1碟（100克） 腰果虾仁1碟（100克） 圆白菜蛤蜊汤1碗（100毫升）
加餐	晚餐后1小时：全麦面包1片（25克） 临睡前1小时：奶香南瓜羹1杯（100克）

食疗调养好孕色

缓解产前焦虑

冬瓜百合蛤蜊汤

原料：蛤蜊150克，冬瓜100克，鲜百合50克，枸杞少许。

调料：生姜1块，葱1根，清汤、盐、鸡精各适量，料酒、胡椒粉各少许。

做法：

1.鲜百合、蛤蜊均洗净；冬瓜洗净去皮切条；生姜洗净去皮切片；葱洗净切段。

2.瓦煲内加入清汤，大火烧开后，放入蛤蜊、枸杞、冬瓜、生姜、葱段料酒，加盖，改小火煲40分钟。

3.加入百合，调入盐、胡椒粉调味，继续用小火煲30分钟后，加鸡精即可。

功效：蛤蜊中所含的硒可以帮助妈妈调节神经、稳定情绪，百合有镇静安神的作用，冬瓜利尿消肿，适合准妈妈食用。

牛奶香蕉芝麻糊

原料：香蕉2根，牛奶1杯，芝麻30克，玉米面10克。

调料：白糖少许。

做法：

1.将香蕉去皮后，用勺子研碎。

2.将牛奶倒入锅中，加入玉米面和白糖，边煮边搅均匀（注意一定要把牛奶、玉米面煮熟）。

3.煮好后倒入研碎的香蕉中调匀，撒上芝麻即可。

功效：这道美食中的香蕉、牛奶都可以帮你舒缓情绪，且营养丰富，富含蛋白质和多种矿物质。

增加产力助自然分娩

山药枸杞炖羊肉

原料：羊肉500克，山药500克，枸杞30克。

调料：高汤适量，姜末、葱花、料酒、盐各适量，姜汁、味精各少许。

做法：

1.羊肉洗净入锅，加姜汁、高汤、盐、料酒煮熟，取出切块；山药洗净去皮，切成段。

2.锅中倒入适量油烧热，下葱花、姜末炒香，加入羊肉及煮肉的汤汁，再下山药块、枸杞烧透，下味精调味即可。

功效：这道菜具有补脾养胃、补肺益肾的功效，且富含蛋白质和多种矿物质，可以帮准妈妈增加体力。

肝片炒黄瓜片

原料：猪肝100克，嫩黄瓜1根。

调料：生姜、大葱、生抽、盐、料酒、鸡精各适量。

做法：

1.猪肝用清水提前浸泡1小时，然后切片，加生姜、大葱、料酒、淀粉腌制30分钟，最后去掉大葱跟生姜，放在流动水下冲洗掉血水。

2.锅内倒入适量油，加入猪肝炒至变色后立刻盛出。

3.另起锅，加少许油，放入黄瓜翻炒均匀，放入炒好的猪肝大火快炒，加盐、生抽炒匀，最后调入鸡精即可。

功效：猪肝是动物内脏中理想的补血佳品之一，同时也都含有较多的维生素B_1，孕期可常吃。

减轻孕晚期便秘

原料：猪肉200克，木耳（干）20克，丝瓜50克，胡萝卜、玉米笋各20克。

调料：盐适量，姜2片。

做法：

1.将木耳用温水泡发，去蒂洗净，撕成小朵；胡萝卜、丝瓜洗净去皮切厚片。

2.猪肉汆烫后洗净切片；玉米笋洗净。

3.锅内加适量水烧开，下全部原材料。

4.大火烧开后转小火炖煮，待食物熟烂后加盐调味即可。

功效：这道菜富含膳食纤维、维生素，口味清淡，十分适合孕晚期的准妈妈食用。

原料：绿豆芽、韭菜各100克，胡萝卜50克，水发木耳30克。

调料：盐、酱油各适量。

做法：

1.绿豆芽洗净，沥干水分；韭菜洗净，沥干水分，切成小段；胡萝卜洗净，切成丝；木耳洗净，切成丝。

2.锅中倒入适量的油，烧热，放入胡萝卜丝和木耳丝翻炒一会儿，再放入韭菜和绿豆芽翻炒。

3.炒至所有材料变软，加盐、酱油调味，炒匀即可。

功效：这道素菜能为准妈妈提供比较多的维生素和膳食纤维，有助于减轻便秘症状。

原料：菠菜500克，豆腐200克。

调料：酱油、白糖、味精、盐各适量。

做法：

1.菠菜择洗干净，用沸水焯过，捞出，沥干水，备用；豆腐用水冲净，切片。

2.锅内倒入适量油烧热，放入豆腐煎至两面微黄，加上酱油、白糖、盐烧1～2分钟，再加菠菜，用味精调味即可。

功效：菠菜富含维生素、膳食纤维、钙质，搭配豆腐，可补充钙、蛋白质和膳食纤维，有助于减轻便秘症状。

待产期间的食谱

香葱
鸡肉粥

原料：鸡肉300克，大米50克。

调料：白糖、橄榄油、盐、醪糟各适量，葱1根。

做法：

将鸡肉洗净，切小粒，加白糖、橄榄油、盐、醪糟拌匀腌20分钟，然后用大米熬粥，将腌好的鸡肉放入粥中，中火煮开，洗净葱，将葱绿切花，也放入锅中，转小火略焖至熟即可。

功效：这道粥清淡易消化，且富含蛋白质与碳水化合物，可以为第一产程期间的准妈妈补充营养。

香甜
果蔬汁

原料：西红柿1个，橙子半个，苹果半个。

调料：酸奶、蜂蜜各适量。

做法：

1.将西红柿和苹果洗净、橙子去皮，均切成小块，一起放入榨汁机，加入适量清水榨取果蔬汁。

2.最后加入酸奶和蜂蜜调味即可。

功效：这道果蔬汁香甜可口，富含多种维生素，比较适合在第二产程时给准妈妈补充能量。一旦进入正式分娩，准妈妈就不能再进食或饮水了。

鲈鱼面条

原料：鲈鱼半条，鸡蛋1个，西红柿30克，面粉50克，红、黄柿子椒各1个。

调料：姜、葱、盐、植物油各适量。

做法：

1.把面粉放入盆中，打入鸡蛋，加入少许盐，倒入适量温水，和成面团，饧25分钟后，擀成片，切成面条；西红柿、柿子椒洗净，切块；鲈鱼肉洗净切块；葱、姜切丝。

2.平底锅中加入植物油，烧至八成热，下入葱丝、姜丝后，放入鲈鱼块翻炒。

3.锅中加水烧开，下入面条，大火煮开，点入少许凉水，再煮开，煮至面条软烂时将面条捞入碗中。

4.另起锅加少量油，下入面条、西红柿块、柿子椒块翻炒后再加入鲈鱼肉块，炒几下后再加盐调味即可。

功效：软烂的面条加上富含维生素的西红柿、富含蛋白质的鸡蛋、鲈鱼肉，可以为第一产程的准妈妈补充充足的热量，并且不会给准妈妈的肠胃增加负担。

帮助安睡

莲藕炖排骨

原料：莲藕200克，排骨150克，红枣6颗。

调料：清汤适量，姜2片，盐1小匙，白糖少许。

做法：

1.将莲藕洗净，削去皮，切成大块；排骨剁成小块；红枣洗净。

2.锅置火上，加入适量清水烧开，放入排骨，用中火将血水煮尽，捞出来沥干水备用。

3.将莲藕、排骨、红枣、生姜一起放进砂锅，调入盐、白糖，注入清汤，小火炖2小时即可。

功效：莲藕有养血、清热、除烦的功效，十分适合临产前因焦虑和压力而失眠的准妈妈食用，并能预防因血虚而引起的失眠多梦。

豆瓣黄鱼汤

原料：新鲜黄鱼1条，新鲜蚕豆100克。

调料：水淀粉、料酒各1大匙，盐适量，葱末、姜末、胡椒粉少许。

做法：

1.黄鱼去鳞、鳃、内脏，洗净，放入锅中加适量水煮熟后捞出；蚕豆剥皮洗净待用。

2.锅内加适量油烧热，下入葱、姜末炒香，加入蚕豆稍炒，再加入鱼汤、鱼肉、料酒和盐，大火烧开，中火烧3~5分钟。

3.用水淀粉勾芡，撒上胡椒粉即可。

功效：黄鱼含蛋白质、脂肪、维生素B$_1$、维生素B$_2$、钙、磷、铁等，还含有多种氨基酸、酶类，有健脾开胃、安神的功效。

莲子香菇豆干汤

原料：竹笋200克，豆干100克，荷兰豆50克，鲜香菇4朵，莲子20粒。

调料：盐少许。

做法：

1.竹笋去壳，放入锅中加水煮去涩味，捞出切片；豆干切片；香菇洗净，去蒂切片。

2.将所有材料放入炖盅内，加入盐，倒入热水至全满，用耐热的保鲜膜封口，移入蒸笼中，大火蒸40分钟即可。

功效：这道汤具有健脾养胃、镇定安神、补中益气的功效，且富含膳食纤维，有助于润肠通便。

原料： 西洋参3克，莲子（去心）12个。

调料： 冰糖25克。

做法：

1.将西洋参切片，与莲子一起放入小碗中，加适量清水泡发。

2.加入冰糖，入锅隔水蒸1小时即可。

功效： 这道汤可作为产前补气血之用，不过要注意，最好不要用普通人参来代替西洋参，人参性温，孕晚期的准妈妈不宜多食。

原料： 小南瓜100克，牛奶250毫升，淡奶油20克。

调料： 糖适量。

做法：

1.南瓜洗净，去皮、去瓤，切片。

2.将南瓜片上锅蒸10～15分钟至变软，取出，压成泥。

3.将南瓜泥倒入锅中，小火加热，加入牛奶和淡奶油，不断用勺搅动避免粘锅，加热到烫，加糖调味。

功效： 南瓜富含维生素B_6和铁，对消除紧张焦虑情绪很有好处。

坐月子

科学进补的月子餐

新妈妈产后1~6周恢复

阵痛从第3天开始得到缓解，甚至消失。

恶露量在分娩当天和第2天较多，然后逐渐减少，1周后，与平时的月经量差不多。正常情况下，刚分娩后恶露为红色，类似月经，产后4~5天，变成褐色，排出量变少，此后颜色逐渐变浅，到产后4~6周，变成浅浅的白色分泌物。在此期间，如果出现突然增量、颜色加深、其中夹杂大血块，并伴有疼痛感增强、总有排泄感觉、气味难闻等现象，有可能发生了宫腔感染，要及时就医。

分娩后第1天开始分泌乳汁，不管有没有乳汁，都应先让婴儿吮吸乳头，促进顺利泌乳，但不宜急着催乳。

分娩第1周，子宫迅速缩小，1周后，大小缩得和一只拳头差不多。

分娩后不久，新妈妈的体重减轻大约5千克。

产后1周内，会觉得倦怠，需要多卧床休息，避免情绪大起大落导致产后抑郁症。

恶露的颜色由褐色变成黄色，量逐渐变少，产后第5~10天恶露中浆液增加，血液量减少。

母乳分泌更加顺畅，量不大，但能满足新生宝宝的需要，你要开始规律地为宝宝哺乳，可适当喝一些有催乳功效的汤粥。

体重仍有下降，具体减重量因人而异。建议新妈妈不要急于减肥，在恢复期间坚决不吃减肥药，也不能节食，尽量不要做自己力所不能及的剧烈运动。分娩6~8周后开始简单的运动结合饮食控制体重，3个月后，待身体脏器、韧带等完全恢复后，就可以进行正常的减肥训练。从产后8周开始，每周减重500~1000克，到产后6个月时减到孕前水平是比较理想的结果。

每天昼夜不停地哺乳会令新妈妈疲惫，这需要家人多分担。爸爸是照顾新生儿的主要力量，如果可以，尽量多帮妈妈。在分娩后前几天，妈妈的精力不济，而孩子又需要较多精力照顾，这时就需要爸爸多想一步，多做一点儿，让妈妈可以放心地休息好。

黄色的恶露逐渐变成白色，几乎消失。

子宫继续收缩，用手已经摸不到，宫颈口还没有完全闭合，你需要注意阴部卫生。

分娩时的伤口基本痊愈，阴道和会阴在一定程度上消肿，宽度会大大缩小，接近分娩前，但最终也会比分娩前略微宽一些，但不会特别松弛，不需要担心。孕期时练习的提肛和憋尿锻炼仍可以继续，这种锻炼可以有效增强阴道肌肉的张力，进而让阴道变窄。

第3周开始，你可以适当做一些轻体力的家务活，促进筋骨恢复。

精神欠佳的状况有所改善，你要根据宝宝的作息来调整自己的时间，与宝宝步调一致，这样你才能获得充分的休息。

不要长时间仰卧，因为产后子宫韧带柔软、拉长，承托力较弱，而子宫重量相对较重，如果长时间仰卧，容易造成子宫后倒，不利于恶露排出，并造成产后腰痛、白带增多等不良状况。分娩2周后，可以尝试俯卧，每天1～2次，每次15分钟左右，让子宫向前倾，能有效避免其后倒。

恶露逐渐消失，分泌出和妊娠前相同的白带。

子宫体积、功能仍然在恢复中，你对此已经没有感觉，子宫颈在本周会完全恢复至正常大小。耻骨恢复正常，性器官恢复到孕前状态。妊娠纹的颜色变浅。

精神逐渐饱满，与宝宝彼此间的感情越来越深厚。注意，产后是抑郁症的多发期，妈妈在月子里要照顾好自己的情绪，情绪不好时妈妈乳汁的质和量都会下降，照顾孩子的愿望也会下降，甚至会怨恨孩子，所以不要让坏情绪缠上自己。如果感觉空虚、易怒，经常有哭泣冲动，要及时进行疏通，多跟周围的人倾诉，寻求帮助，千万不可陷入坏情绪中不能自拔。

除了一些简单轻巧的家务活外，你可以开始做一些产后恢复锻炼。

219

多数情况下，恶露此时已经基本排干净了，阴道分泌物也开始正常分泌。

随着子宫的进一步恢复，其重量已经从分娩后的1000克左右减少到大约200克。腹部下垂不明显，身材逐渐恢复原样。在子宫的体积和重量逐渐恢复的过程中，盆腔内的其他脏器也会慢慢各自归位。在产后6～8周回到孕前位置。

阴道内会再次形成褶皱，外阴部也会恢复到原来的松紧度。骨盆底的肌肉此时也逐渐恢复，接近于孕前的状态。

身体恢复得很好的新妈妈，已经可以出门呼吸新鲜空气了。在天气好的时候，还可以带着宝宝一起出门，但是时间不宜过长。

恶露基本排干净了，白带开始正常分泌。

子宫重量在产后6～8周内将从1000克减到60克左右，接近孕前水平；子宫颈管在产后4周时，由完全开放变成了外子宫口关闭，恢复孕前状态。

外阴部恢复到原来的松紧度，骨盆底的肌肉基本上恢复到了孕前的状态。

6周后，得到医生允许可以开始性生活，但在最初的2～3周内要谨慎行事。考虑到新妈妈比较劳累，且精力都集中在照顾宝宝身上，性生活恢复时间不宜过早。

不进行母乳喂养的新妈妈第6周可能恢复排卵，母乳喂养的新妈妈在产后18周左右。至于月经恢复时间，因人而异，一般没有哺乳的妈妈多数在产后6～12周恢复月经，哺乳的妈妈可能会在产后10个月甚至1年后才会来月经。

重点营养素——钙、铁、蛋白质

产后需继续补钙

哺乳期孩子的营养都需要从妈妈的乳汁中摄取，据测量，每100克乳汁中含钙34毫克。所以妈妈产后补钙不能懈怠，每天最好能保证摄入2000～2500毫克。

产后容易缺铁

哺乳期妈妈每天摄入18毫克铁才能满足母子的需求，但是，一般膳食每日可提供15毫克的铁，并且通常只有10%可被人体吸收。所以，补铁的问题也必须重视。

蛋白质

足量、优质的蛋白质摄入对哺乳期的妈妈和宝宝都非常重要，妈妈每天应增加优质蛋白质20克，达到每日85克。鱼、禽、蛋、瘦肉、大豆类食物是优质蛋白质的最好来源。

能提供20克优质蛋白质的食物举例（可食部分）

名称	重量（克）	名称	重量（克）	名称	重量（克）	名称	重量（克）
鸡蛋	150	鸭蛋	159	鹌鹑蛋	156	鸡	100
猪肝	104	猪血	164	牛肉（瘦）	100	牛乳	667
羊肉（瘦）	100	鱼	110	虾	110	鲍鱼	159
鸭	130	鹅	112	鸽	121	豆腐	250
牛乳粉	100	海蟹	145	河蟹	114	腐竹（干）	45
墨鱼	132	鱿鱼	118	黄豆	57	豆腐皮	81

月子饮食重点——补气补血

产后第1周：开胃为主

饮食以开胃为主，胃口好，才会食之有味，吸收也好。

忌油腻，宜选择口味清爽的细软温热食物。

不宜大量进补，新妈妈的肠道功能尚未恢复，容易消化不良，引起腹胀。

不可立刻催乳，此时婴儿食量不大，新妈妈正常的泌乳量可以满足需求，马上催乳容易引起乳腺炎。

不可直接大量饮水。产后水分摄入很重要，但由于体内滞留大量水分，大量直接饮水无益于利水消肿，可吃一些稀软的汤粥。

产后第2周：清补为主

这一周以清补为主，主要是补气、养生、修复，多吃补血、补维生素、补蛋白质的食物，比如胡萝卜、菠菜、金针菜、猪血、猪肝、山药、茯苓。

这一周开始，新生儿对乳汁需求量加大，催乳是很重要的事，推荐食物有猪蹄、花生、鲫鱼、牛奶、鸡蛋等。

产后第3周：补气血

此时恶露已排尽，是补气血的最佳时机。进入调节进补期，此期你的饮食应该做到：膳食应均衡、多样而充足；主副食合理配比、粗细粮搭配；充足的蛋白质，足够的新鲜蔬菜和适量水果；注意补铁，多食用鱼、牛奶、乳酪这类富含钙和铁的食物。

宝宝食量不断增大，催乳仍是营养重点。

合理摄入热量。新妈妈产后前两周精神欠佳，到了这一周，情况有所好转，需要摄入较多热量以满足活动所需，但同时也要谨防热量摄入过剩，可适当增加谷类、大豆、坚果类的摄入。

产后第4周：吃易消化食物

由于身体、胃口都已经恢复得比较好，这时饮食上应注重营养的全面均衡，多吃新鲜的水果和蔬菜，并注意主副食的合理配比、粗细粮科学搭配。

可以恢复正常的一日三餐。

避免暴饮暴食。

晚上不宜吃宵夜，避免囤积脂肪，导致酸性体质或引起发胖。

食物应易消化，避免产生消化不良，如胀气，便秘等，推荐黄豆芽、莲藕、菌类。

产后第5周：保持营养均衡

此时，你的身体基本复原，进补可以适当减少，不要补过头，但也不必一味节制。

依然要保持营养均衡，肉蛋奶、蔬菜、水果、坚果、谷类都要适量摄入。

偶尔可以吃点儿粗粮，并保证水果和蔬菜的供应。

减少油脂类食物的摄入。

新妈妈饮食应注意补气、补血

有些新妈妈本来体质就虚弱，产后又伤了元气，需注意适当进补。

症状	表现	进补建议
血虚	由于分娩过程中失血，可能出现血虚的症状，表现为睡不好觉、心悸、头晕眼花	可以用15~20克当归，加上龙眼和红枣，用水煎后服用
气虚	头晕、神疲乏力、不想说话，这是气虚的症状	如果感觉气虚较严重，可以用人参10克煎水服用。如果气虚的症状较轻，可以用10~30克党参煎水服用；或将党参、红枣一起炖鸡吃，效果也不错
气血两虚	同时出现气虚、血虚的症状	可以用党参加红枣、龙眼进补。党参可补中、益气、养血，是治疗气血两虚的不错选择

月子里吃红糖要适量

红糖性温，具有补中益气、活血化瘀、散寒止痛的功效。新妈妈产后体质偏虚，适当吃红糖，可以驱散体内的虚寒之气，促进恶露排出和子宫收缩。红糖中含有铁，适量吃一些能起到一些补血作用。但是，新妈妈坐月子期间不宜吃太多红糖，在红糖的活血化瘀作用下，血性恶露的排出时间会延长，排出量会增加，很容易导致新妈妈由于失血过多而贫血。

一般情况下，产后吃红糖不要超过10天，每天不要超过20克。

新妈妈的产后体质调理

体质	体质特性	饮食建议
寒性体质	面色苍白，怕冷或四肢冰冷，口淡不渴，大便稀软，频尿量多色淡，痰涎清，涕清稀，舌苔白，易感冒	1.应吃较为温补的食物，如牛肉、核桃、黄芪、党参等，可吃麻油鸡、四物汤、四物鸡或十全大补汤 2.食物不能太油，以免引起腹泻 3.忌吃寒凉果蔬，如西瓜、木瓜、葡萄柚、柚子、梨、杨桃、橘子、西红柿、香瓜等。可适量吃些荔枝、龙眼、苹果、樱桃、葡萄
热性体质	面红目赤，怕热，四肢或手足心热，口干或口苦，大便干硬或便秘，痰涕黄稠，尿量少色黄赤味臭，舌苔黄或干，舌质红赤，易口破，长痘疮或痔疮	1.饮食清淡多汁 2.少吃或不吃热性食物，如酒、姜、麻油等；大补的中药材热性更大，如人参 3.宜用食物进补，例如山药鸡、黑糯米、鱼汤、排骨汤等。蔬菜类可选丝瓜、冬瓜、莲藕等较为降火的食物，腰酸可用炒杜仲五钱煮猪腰喝汤，避免上火 4．不宜多吃荔枝、龙眼、苹果。可少量吃些柳橙、草莓、樱桃、葡萄
中性体质	不热不寒，不特别口干，无特殊常发作之疾病	1.饮食上较容易选择，大部分适合月子期间的食物都可食用 2.注意控制好食物的量，否则有可能转化成热性体质或寒性体质

吃出营养力

月子里的营养需求

热能：比平时约增加25%，每天应比孕前多摄入200卡左右的热量，否则将直接导致乳汁分泌不足。

蛋白质：每天在平时蛋白质供给量的基础上增加25克左右，否则不但影响乳汁分泌，还会使新妈妈身体恢复能力下降，对疾病的抵抗力降低。

脂肪：中国营养学会建议，母乳喂养的新妈妈每天摄入脂肪提供的能量应为膳食总能量的30%。

矿物质：产后，新妈妈体内的钙、铁、铜、锌、碘等矿物质含量较低，应注意通过合理的饮食搭配进行补充。

维生素：维生素对促进新妈妈的身体恢复、促进乳汁分泌、保持乳汁营养成分稳定有重要作用。月子里，新妈妈一定要注意吃足够的新鲜蔬菜、水果，必要时可服用维生素补充剂，保证维生素的足量摄入。

月子里的饮食原则

月子饮食的总原则就是营养均衡、结构合理。

1.饮食种类丰富，注重搭配。荤与素搭配，粗与细搭配，丰富食物种类，既可保证营养丰富，还可以促进肠胃蠕动，预防便秘。因此，月子里的妈妈饮食上不能有太多的禁忌，不吃蔬菜、不能吃水果的做法都是不合理的。

2.少量多餐。月子里的妈妈一天可以吃5～6餐，补充分娩消耗，并且为哺乳、抚育孩子储备些能量和营养。但是无论吃什么东西都要适可而止，不要贪吃。

3.食物要松软、易消化。无论是粥还是饭抑或菜都要比正常情况下更软烂些；肉类、蔬菜都要尽量熟烂，苹果等水果可以榨成汁喝；油炸食品或坚硬带壳不容易消化的食品尽量不吃。

月子里的饮食禁忌

1.不能吃生冷硬的食物。分娩后吃生食容易引起感染，吃冷食则会刺激口腔和消化道，吃硬食容易伤害牙齿，所以生冷硬的食物都不要吃。吃水果时，可以先用热水温一下。

2.不要吃太咸、太鲜、太辣的食物。孕期都有不同程度的水肿，月子里吃得太咸，不利于水肿消退；另外，太咸的食物含较多味精，而过量味精会减少体内锌的含量，导致锌缺乏；辣椒、花椒等性燥热的食物容易引起上火，增加身体不适，也不能多吃。

3.有些食物有回奶作用，如大麦、韭菜等，母乳喂养的妈妈最好不食用。

4.不宜快速进补或催奶。妈妈身体在孕期积存了较多的毒素和垃圾，这些毒素和垃圾会在产后头2周随着恶露、汗水等一起排出体外，如果过早进补就会阻碍这些物质排出，不利于身体恢复。另外，产后2～3天妈妈的乳腺管还没有完全通畅，如果过早喝催乳汤，容易涨奶引起不适或发炎。

分娩后头三餐怎么吃

产后第1餐

新妈妈分娩后，体内激素水平大大下降，身体过度耗气失血，阴血骤虚的情形下，很容易受到疾病侵袭。所以，"产后第1餐"的饮食调养非常重要，应首选糖水煮包蛋、鸡蛋羹、蛋花汤、藕粉等易消化、营养丰富的流质食物。

产后第2餐

新妈妈产后第2餐除了流质食物，也可以开始进食鸡蛋，煮鸡蛋、鸡蛋羹、荷包蛋等各种做法，可以交换着吃。富含营养的鸡蛋有助于新妈妈补充能量，恢复体力，维护神经系统的健康，减少抑郁情绪。每天最好分为两餐吃，1次1个就够了。

产后第3餐

新妈妈产后第3餐可吃些无刺激又容易消化的，如小米红枣粥、鸡蛋挂面、馄饨、鸡蛋汤等食物。

适合新妈妈吃的水果

水果	特性	功效
苹果	味甘，性平，富含维生素、果胶、纤维素和多种矿物质	可促进排便，缓解产后疲劳，很适合新妈妈
葡萄	味甘、酸，性平，含铁量较高	有补气血、强筋骨、利小便的功效
菠萝	味甘、酸，性平，富含维生素B_1	可以消除疲劳、增进食欲，还有生津止渴、助消化、止泻、利尿的功效
木瓜	含有糖类、蛋白质、纤维素、B族维生素，维生素C、钙、钾、铁等多种营养物质	催乳效果尤其好，有"乳瓜"之名
橄榄	味甘、酸、涩，性平	有清热解毒、生津止渴之功效
山楂	味甘、酸，性温	有生津止渴、散瘀活血的功效，还可以增进食欲、帮助消化。但是夏天不宜多吃

不适合新妈妈吃的水果

冰镇水果	过于寒冷，新妈妈吃后容易腹泻，也容易使宝宝拉肚子，最好不吃
寒性、凉性水果	寒性水果清火润燥，但影响人的肠胃功能，新妈妈吃后容易出现消化不良和腹泻，也容易使宝宝腹泻，所以不宜多吃。香蕉、柿子、猕猴桃、香瓜、西瓜、梨、柚子、火龙果、杨桃、山竹、草莓、枇杷、桑葚、圣女果、椰子等皆属于此类
热性水果	热性水果多吃容易上火（尤其是在夏天），新妈妈应该注意控制食量。龙眼、荔枝、杏、桃、樱桃、杨梅、石榴、橘子、榴莲等皆属于这一类

产后第1周饮水要适量

正常情况下，感觉口渴就应该适量饮水，但在月子期间，不能每次大量饮水，必须遵循"少量多次慢喝"的原则，尤其是产后第1周，千万不要大量喝水。

产后第1周肠胃功能较弱，身体中滞留着大量孕期储备的水分，如果一次饮水过多，不仅会给肠胃造成负担，还会加重身体水肿，不利于恢复。

在月子期间，口渴时可少量喝些白开水，然后通过饮食来补充，比如喝小米粥或喝苹果汤，等到身体恢复后，方可考虑每天喝6~10杯水。

产后进补要适时适度

产后进补一定要适时、适度，过早、过度进补不但起不到应有的作用，还会给新妈妈带来肥胖、脂肪肝等身体问题，适得其反。

1.分娩后1~3天，新妈妈应该吃清淡、容易消化的饭菜，如煮烂的米粥、蔬菜汤、软面条、面片汤等，也可少量吃些鸡蛋汤、蒸蛋羹，但是要少吃肉类，鸡蛋也不能吃得过量，否则会导致新妈妈消化不良。

2.分娩3天后新妈妈可以吃普通饭菜，此时可适当增加肉类、蛋类、奶类和青菜，以促进身体恢复和乳汁分泌。鸡汤、猪蹄汤、鲫鱼汤、排骨汤、牛肉汤等有利于补充营养和促进乳汁分泌，可以适当地喝，但不必顿顿喝，以免进补过度，造成新妈妈乳胀或宝宝脂肪泻（母亲乳汁中脂肪含量过高所致）。

3.有条件的家庭可在分娩1周后适当让新妈妈服用些人参，但切记不能服用过多。分娩后1周内一般不推荐服用人参，因为此时服用人参容易导致新妈妈兴奋过度，难以安睡，影响精力恢复。

适合新妈妈的食物和饮料

鸡蛋	鸡蛋营养丰富，且很容易被消化吸收，对于新妈妈身体康复和母乳分泌都有好处，可以多变化做法，煮鸡蛋、蒸蛋羹等都可以
各种荤素汤品	汤品容易消化，水分含量足，对保护肠胃和促进泌乳都有益。几乎所有食物都可以入汤食用
米粥	大米粥、小米粥都可以吃。粥里可以加入各种材料，如肉末、鸡汤、红小豆等，让营养更丰富
牛奶	牛奶含有丰富的蛋白质和钙、磷及维生素D等，每天可以喝500毫升
红糖	红糖补铁补血，一直都是月子里必吃的食物，但是不宜太早、太长时间食用。恶露排尽之前食用，有可能增加恶露量，食用时间太长则很容易引起肥胖，可以在恶露排尽后食用10～15天
温开水	适当喝温开水，以补充身体在分娩前后大量出汗流失的水分。正确的喝水法是少量多次

月子饮食不能放盐吗

这种观点不够科学，新妈妈的月子餐应该咸淡适宜，少加一些食盐或其他调味品（哺乳妈妈不要吃味精），这样除了可以促进食欲，也可避免月子期间大量出汗和排尿造成身体脱水，对身体恢复和乳汁分泌也是有益的。

另外，宝宝成长需要的钠，一般只能从乳汁中摄取，而盐是钠的重要来源，因此新妈妈不能不吃盐。

产后前3天，新妈妈盐摄入量与常人等量，即5～6克，以补充急速失去的盐分，3天后，每天摄入3～4克即可。

吃什么能促进恶露排出

产后第1周是排恶露的黄金期间，为避免恶露排不干净，第1周时一定不要大补，而是要吃一些对下奶和补血效果均明显的食物。

慎食生冷、寒凉食物，生冷多伤胃，寒凉则血凝。产后妈妈胃肠功能的恢复需要一段时间，在这期间，如果吃了生冷、寒凉的食物，如从冰箱里刚取出的水果、蔬菜，很有可能就会引发恶露不下或不绝、产后腹痛、身痛等多种症状。因此，产后妈妈一定要慎食生冷、寒凉食物，并根据自己的情况来决定摄入水果、蔬菜的量和种类。

可在医生指导下适当选择中药食疗，如生化汤、三七麻油肝等。三七为理血药，有止血不留瘀的特点，对于妇女血崩、产后血多、恶露不下或恶露不净等病症都有调养功效，是治疗产后恶露不下不可多得的调理药物。

生化汤的配方

生化汤是用煮过的挥发掉酒精的米酒水加几味中药煎成的中药汤，这些中药包括：当归40克、川芎7.5克、桃仁7.5克、炙甘草7.5克、炮姜7.5克、益母草15克。

生化汤具有活血化瘀、促进恶露排出的作用，但其药性偏温，不适合热性体质的妈妈喝，若新妈妈不分自身体质寒热虚实而盲目服用的话，很可能对身体不利。

月子里要不要喝生化汤

生化汤是一种传统的产后方，有去旧生新的功效，可以帮助恶露排出，但是饮用要恰当，不能过量，否则有可能增大出血量，不利于子宫修复。

分娩后，不宜立即服用生化汤，因为此时医生会开一些帮助子宫复原的药物，若同步饮用生化汤，会影响疗效或增加出血量。一般自然分娩的妈妈可以在产后3天开始服用，连服7～10剂。剖宫产的妈妈则建议最好推迟到分娩7天以后再服用，连服5～7剂，每天1剂，每剂平均分成3份，在早、中、晚三餐前温热服用。不要擅自加量或延长服用时间。

熬制生化汤比较麻烦，完全不必自己动手，可以到中药房购买成品，每次服用前温热即可。

月子期间不能吃哪些食物

生冷食物	像黄瓜、西红柿、生菜、白萝卜这类可以生吃的蔬菜也要加热后再吃。产后新妈妈的身体虚弱，应多吃一些温补食物，以利气血恢复
补血补气的中药	人参、龙眼、黄芪、党参、当归等补血补气的中药最好等产后恶露排出后再吃，否则可能会活血，增加产后出血。龙眼中含有抑制子宫收缩的物质，不利于产后子宫的收缩恢复，不利于产后瘀血的排出
辛辣食物	辣椒、胡椒、大蒜、韭菜、茴香等食物易上火，导致便秘，进入乳汁后对宝宝也不利
腌渍过的食物	咸菜、泡菜等
酸味食物	酸梅、醋、柠檬、葡萄、柚子等酸涩食物会阻滞血行，不利恶露的排出
麦乳精	麦乳精是以麦芽作为原料生产的，含有麦芽糖和麦芽酚，而麦芽对回奶十分有效，食用过多麦乳精会影响乳汁的分泌
味精	吃过多味精容易导致宝宝缺锌，建议产后3个月内的营养食谱不要放味精

产后不要急着催乳

奶水一般在产后3~4天才开始增多，过早催奶，乳腺堵塞容易引起乳腺管发炎、结块，那时即便按摩发奶，也不能再给婴儿吃了。

民间常在分娩后的第3天开始给产妇喝鲤鱼汤、猪蹄汤之类，这是有一定道理的。它既能为初乳过后分泌大量乳汁做好准备，又可使产妇根据下奶情况，随时进行控制进汤量，乳汁少可多喝，乳汁多可少喝。因此说，产后第3天开始喝"催乳汤"是比较合适的。

喝下奶汤要适量

哺乳期要注重补充水分和蛋白质，这两样营养素是乳汁分泌的重要物质基础，水分每天应摄取2700～3200毫升（主要是食物中的水，其次是饮用水），蛋白质每天需要90～100克。下奶汤一般富含水分和蛋白质，有促进乳汁分泌的功效。

身体健壮、营养好、初乳分泌量较多的新妈妈，可适当推迟喝汤时间，喝的量也可相对减少，以免乳房过度充盈瘀滞而不适。如新妈妈各方面情况都比较差，就早吃些，吃的量也多些，但要根据"耐受力"而定，以免增加胃肠的负担而出现消化不良，走向另一个极端。

催乳食物推荐表

鸡蛋	每天4个左右，分多次食用，不仅有利于乳汁分泌，还益于妈妈产后身体调理
营养汤	鸡汤、猪蹄汤、鲫鱼汤、排骨汤等均有促进食欲及乳汁分泌功效，可轮换食用
红糖	性温，补铁补血，促进乳汁分泌，产后10天左右开始食用
黄花菜	有止血、下乳的功效，推荐食材：金针菜炖瘦猪肉
莴笋	莴笋性味苦寒，有通乳功效，用莴笋烧猪蹄，效果尤佳
豌豆	豌豆熟食或将豌豆苗捣烂榨汁服用，皆可通乳

不宜使用"催奶药"

有的新妈妈贪图方便而要求服"催奶药"来代替"催乳汤"这是不恰当的。"药"免不了有些副作用，对母婴都不利，"汤"既无副作用又提供营养成分，还是以喝汤为佳。

除了传统的食疗催奶法外，新妈妈适当地调节精神状态也可以让奶水增加。奶水少的妈妈可以试试一边听音乐一边母乳喂养，效果会比较好。

月子里的饮食推荐

第1天	生化汤、杜仲粉、小米粥、丸子汤、馄饨、酒酿蛋
第2天	肉末炖蛋、龙眼枸杞汤、猪肝线面、红小豆汤
第3～7天	肉丝挂面汤、炒芹菜、蒸鸡蛋羹、红枣阿胶粥、鸡蛋炒菠菜、豆腐脑、白菜炖豆腐、紫菜汤、牛奶
第8～10天	羊肝汤、干贝炖蛋、鸡汤线面、猪血粥、豆苗炒牛肉、山药鸡汤、芒果牛奶露、鲑鱼奶酪卷
第11～14天	菠菜鱼片汤、糯米饭、木耳炒腰花、麻油鸡、山药芝麻羹、玉米炒鳕鱼、红枣奶香粥
第15～21天	薏仁饭、油饭、龙眼红小豆饭、红小豆汤、花生猪蹄、鱼汤、红苋菜、胡萝卜、菠菜、红薯叶、红枣莲藕汤
第22～30天	面包、牛奶鸡蛋、菠菜鸡蛋沙拉、豆浆小米粥、木瓜鲫鱼汤、鸡翅豆腐、糯米饭、芒果木耳鸡、葡萄、哈密瓜、桃子
第31～40天	低脂酸奶、鸡蛋、生菜色拉、白饭或糙米饭、凉拌竹笋、蒸黄鱼、芋头鸡丝、芦笋炒肉丝、油菜豆腐汤、清蒸海鱼、菠菜玉米粥、香菇炒豆干、苹果、香蕉

食疗调出好气色

养血补血

红枣阿胶粥

原料：红枣10颗，阿胶粉10克，粳米100克。

做法：

1.将粳米淘洗干净备用。红枣洗净去核备用。

2.锅中加适量清水烧开，放入红枣和粳米，用小火煮成粥。

3.调入阿胶粉，稍煮几分钟，待阿胶溶化，即可食用。

功效：此粥有益气固摄、养血止血的作用，可用于防治产后气虚、恶露不尽。

阿胶糯米粥

原料：糯米100克，阿胶50克。

调料：红糖适量。

做法：

1.阿胶洗干净，捣碎；糯米淘洗干净，用清水浸泡约2小时。

2.锅内放入清水、糯米，先用大火煮沸后，再改用小火熬煮成粥。

3.下阿胶拌匀，再用红糖调味即可。

功效：红枣与糯米可滋养补血、固表止汗，缓解气虚所导致的盗汗、产后腰腹坠胀、因劳动损伤后气短乏力等症状。

花生红枣莲藕汤

原料：猪骨200克，莲藕150克，花生50克，红枣10颗。

调料：盐适量，鸡精、料酒各少许。

做法：

1.将猪骨砍成块；莲藕去皮切成片；花生、红枣洗净。

2.锅内烧水，待水开后，投入猪骨块，用中火煮尽血水，捞起用凉水冲洗干净。

3.炖锅加入猪骨块、莲藕片、花生、红枣，加入适量清水加盖，炖约2.5小时，调入盐、鸡精、料酒，即可食用。

功效：莲藕含铁量高，对缺铁性贫血有食疗作用；红枣也是补血佳果。莲藕性偏凉，产后不宜过早食用，一般产后1～2周后再吃莲藕最合适，可以补血逐瘀。

温中补虚

豆浆小米粥

原料：小米200克，黄豆100克。

调料：蜂蜜适量。

做法：

1.将黄豆泡好，加水磨成豆浆，用纱布过滤去渣，待用。

2.小米淘洗后，用水泡过，磨成糊状，也用纱布过滤去渣。

3.在锅中放水，烧沸后加入豆浆，再沸时撇去浮沫，然后边下小米糊边用勺向一个方向搅匀，开锅后撇沫。

4.加入蜂蜜，继续煮5分钟即可。

功效：小米具有健脾和中、益肾气、补虚损等功效，是脾胃虚弱、体虚胃弱、产后虚损的良好食疗方式。

羊排海带萝卜汤

原料：羊排骨、白萝卜各150克，水发海带丝50克。

调料：鸡精、料酒、盐各适量。

做法：

1.白萝卜洗净切成丝，海带丝洗净切段，羊排洗净剁成块。

2.羊排加水煮沸，撇去浮沫，加入料酒，用小火煮90分钟。

3.再加入白萝卜丝，煮15分钟，加盐，下海带丝、鸡精，煮沸即可。

功效：羊排为益气补虚、温中暖下之佳品，对虚劳羸瘦、腰膝酸软、产后虚寒腹痛、寒疝等皆有较显著的温中补虚之功效。白萝卜可促进排气，减少肚胀，同时也可以补充体内的水分，有利于剖宫产妈妈的刀口愈合。

五花肉丸子汤

原料：五花肉末300克，木耳菜30克，西红柿半个切片，鸡蛋1个，鲫鱼汤2碗。

调料：葱花、姜末、水淀粉、盐各适量。

做法：

1.五花肉末加盐，鸡蛋清、葱花、姜末、盐、水淀粉充分搅拌均匀，分次加入清水，制成馅料。

2.锅内加鲫鱼汤烧开，将五花肉馅用手挤成丸子，依次下入锅内，烧开至熟，加少许盐调味，装碗。

3.木耳菜、西红柿片氽烫后加入做点缀即可。

功效：此汤具有益气、补虚等多方面的功能，可以保护肝脏，促进机体代谢，增加免疫力，产后新妈妈可常喝。

促使恶露排出

红糖红枣姜汤

原料：红枣3～5颗。

调料：红糖30克，生姜（带皮）2片。

做法：

1.红枣洗净，去核。

2.将红糖、红枣、生姜一同放入锅中，加适量清水，大火煮沸后转小火煲45分钟即可。

功效：此汤祛风散寒、活血祛瘀、可加速血液循环，刺激胃液分泌、帮助消化。另外，生姜连皮有行水消肿的效果。

益母草泡红枣

原料：益母草20克，红枣20颗。

调料：红糖20克。

做法：

1.将益母草、红枣分放于两碗中，各加650克水，浸泡半小时。

2.将泡过的益母草连水一起倒入砂锅中，大火煮沸，改小火煮半小时，用双层纱布过滤，约得200克药液，为头煎；药渣加500克水，煎法同前，得200克药液，为二煎。

3.合并两次药液，倒入煮锅中，加红枣煮沸至红枣变软，加入红糖溶化即可。

功效：益母草具有活血调经功能，能帮助排出子宫内的瘀血，减轻腹痛，促进新妈妈的产后康复。

菜花三丝

原料：菜花200克，青椒、胡萝卜各50克，黑木耳（水发）20克。

调料：清汤、盐、醋、白糖各适量。

做法：

1.菜花洗净，掰成小块，入沸水中焯烫，捞出过凉；黑木耳、胡萝卜分别洗净切成细丝；青椒洗净，去蒂和籽，切成细丝。

2.将黑木耳、胡萝卜、青椒放在碗内，撒上盐，腌渍5分钟，挤出汁液，待用。

3.将所有材料放入锅内，倒入适量清汤，加入白糖、醋，烧开后转小火煨至菜花熟软即可。

功效：菜花里富含维生素K，可以预防产后出血，还能增加母乳中维生素K的含量。

恶露不止食疗方

原料：大米、南瓜各100克，山楂4个，红小豆30克。

调料：冰糖少许。

做法：

1.大米淘洗干净；山楂洗净；红小豆用清水浸泡一夜，洗净；南瓜洗净去皮，切成薄片。

2.将大米、山楂、红小豆放入锅内，加水，大火煮沸后改小火煮至粥将熟，放入南瓜片煮沸。

3.加冰糖，小火继续煮20分钟即可。

功效：山楂不仅能够增进食欲、促进消化，还有活血散瘀的功效，能促进恶露排出。

原料：鲜藕1节。

调料：白糖20克。

做法：

1.将藕清洗干净，切成小块，放入榨汁机中榨取藕汁，倒出。

2.将白糖加入藕汁中，搅拌均匀，即可食用。

功效：藕具有清热凉血、活血止血、益血生肌的作用，对产后恶露不净、伤口不愈合有较好的疗效，但脾胃不好的妈妈最好不要吃生藕。

原料：新鲜山楂30克。

调料：红糖30克。

做法：

1.先清洗干净山楂，然后切成薄片，晾干备用。

2.在锅里加入适量清水，放入山楂片，用旺火将山楂煮至烂熟。

3.加入红糖稍微煮一下，出锅后即可食用。

功效：山楂不仅能够帮助妈妈增进食欲，促进消化，还可以散瘀血，加之红糖补血益血的功效，可以促进恶露不尽的妈妈尽快化瘀，排尽恶露。

利水消肿通乳

通草鲫鱼汤

原料：鲜鲫鱼1条，黑豆芽30克，通草3克。

调料：盐适量。

做法：

1.将鲫鱼去鳞、鳃、内脏，洗净；黑豆芽洗净。

2.锅置火上，加入适量清水、放入鱼，用文火炖煮15分钟。

3.加入黑豆芽、通草、盐，等鱼熟汤成后，去黑豆芽、通草，即可食鱼饮汤。

功效：通草有通乳汁的作用，与消肿利水、通乳的鲫鱼、黑豆芽共煮制汤菜，具有温中下气、利水通乳的作用，可治新妈妈产后乳汁不下以及水肿等症。

冬瓜猪蹄煲

原料：猪蹄1只，冬瓜200克，果脯适量。

调料：老姜、盐适量。

做法：

1.将猪蹄洗净，斩块；冬瓜连皮切块；果脯洗净。

2.煲内烧水至滚后，放入猪蹄块撇去表面血渍，倒出用清水洗净。

3.将余烫后的猪蹄块放入砂锅中，加适量清水，用大火煲滚后，放入冬瓜块、果脯、老姜。

4.转小火煲2小时后调入盐，即可食用。

功效：猪蹄美容、通乳，冬瓜利水消肿、下乳，此汤可治产后乳汁不通或乳汁缺乏症。

芹菜炒香菇

原料：芹菜400克，干香菇50克。

调料：酱油、米醋各5克，盐3克，淀粉10克，植物油适量。

做法：

1.将芹菜洗净，剖开，切成段，用少许盐拌匀，静置10分钟左右，用清水漂洗干净，沥干水备用。将干香菇用温水泡发，洗净切片。将米醋、淀粉放入一个小碗里，加50毫升左右清水，兑成芡汁。

2.锅中加植物油烧热，下入芹菜段煸炒2～3分钟，加入香菇片，迅速翻炒几下。

3.点入酱油，淋上芡汁，大火翻炒，待调料均匀地粘在香菇和芹菜上，即可出锅。

功效：芹菜含有利尿成分，可以帮助消除水肿，有利瘦身，还可帮助增进食欲，促进消化，对及时吸收、补充自身所需营养，维持正常的生理机能，增强抵抗力都大有益处。

改善产后便秘

松子玉米

原料：甜玉米粒100克，松仁50克，青椒1个，胡萝卜半根。

调料：小葱1根，盐适量。

做法：

1.小葱洗净切成葱花；胡萝卜、青椒分别洗净切成小丁。

2.锅内加油烧至三成热，放入松仁，小火抄至稍微变色，捞出沥油。

3.另起一锅，加油烧热，下葱花爆香，加入胡萝卜丁、青椒丁炒片刻，在加入甜玉米粒炒熟，最后加盐调味即可。

功效：松子仁中所含的油脂可润肠增液，滑肠通便，玉米富含膳食纤维，适于产后便秘的妈妈食用。

炒白萝卜丝

原料：白萝卜450克。

调料：盐3克，香葱1根，植物油适量，白糖、鸡精、姜末各少许。

做法：

1.白萝卜洗净，去皮，切成细丝；香葱洗净，切成末。

2.锅中倒入适量的油，烧至六成热，放入葱末、姜末炒出香味，放入白萝卜丝翻炒，使白萝卜丝变软变透明，加入适量清水，转中火将白萝卜丝炖软。

3.待锅中汤汁略收干，加入盐、白糖和鸡精调味，翻炒均匀即可。

功效：白萝卜中的芥子油和膳食纤维可促进胃肠蠕动，有助于体内废物的排出。

木耳红枣果味粥

原料：粳米100克，黑木耳50克，红枣6颗。

调料：白糖、橙汁各适量。

做法：

1.粳米淘洗干净，浸泡30分钟；红枣洗净。

2.黑木耳放入温水中泡发，去蒂，撕成小瓣。

3.将所有材料放入锅内，加适量清水，大火烧开，转小火炖至粳米软烂成粥后，加白糖和橙汁调味即可。

功效：黑木耳有凉血润肠的功效，且富含膳食纤维，有助于润肠通便。

产后催乳

红枣鲤鱼汤

原料：鲤鱼1条，红枣10颗。

调料：盐少许，姜2片。

做法：

1.将鲤鱼去鳞、鳃、内脏，洗净；红枣洗净。

2.锅中放入鲤鱼、红枣、姜片和适量清水，大火烧开，转小火煮至鱼肉熟烂，加盐调味即可。

功效：不仅可以养血催乳，还有补益五脏、和胃调中、开胃增食、缓解产后水肿的多重功效，很适合产后缺乳及水肿的新妈妈。

银耳木瓜粥

原料：糙米100克，木瓜50克，银耳（干）、枸杞各10克。

调料：盐少许。

做法：

1.糙米洗净，浸泡30分钟；银耳以水浸泡至软，去蒂，撕成小朵；木瓜去皮、子，切小丁。

2.糙米放入锅内，加适量水煮沸后改小火煮约10分钟，加银耳及枸杞，继续煮约5分钟。

3.加入木瓜，小火煮约15分钟，最后加盐调味，加盖焖10分钟即可。

功效：木瓜中含量丰富的木瓜酵素和维生素A，可以促进通乳，适合产妇食用。

红糖生姜蒸蛋

原料：鸡蛋3个，红糖30克，生姜20克。

调料：醋少许。

做法：

1. 生姜洗净，用刀拍松，切块。

2. 锅置火上，倒入开水，加入红糖、姜块和少许醋，煮5分钟，倒出，拣出姜块，晾凉姜糖水备用。

3. 将鸡蛋磕入碗中打散，倒入姜糖水搅匀，入笼蒸10分钟即成。

功效：红糖、生姜除了提供糖分外，还有活血、催乳的作用。

益气利尿

萝卜鲫鱼汤

原料： 鲫鱼2条，白萝卜400克，鲜香菇5朵。

调料： 盐少许，葱2小段，植物油适量。

做法：

1.鲫鱼清洗干净，沥干水分，去掉鱼肚子里面的黑膜，在鱼身两边各划几刀；香菇洗净；白萝卜洗净，切丝。

2.锅中倒入适量的油，烧热，将鲫鱼煎至两面金黄。

3.鱼煎好后，在锅里加入2000毫升清水，加入葱段煮至沸腾，加入香菇和白萝卜丝，盖上锅盖，中小火慢炖半小时；炖至汤色奶白，加盐即可。

功效： 白萝卜不仅有利尿的功效，还有健脾胃、化痰止咳之效，与能补气血、温脾胃的鲫鱼一同炖煮成汤，不仅能补充多种营养，也是益气通尿的佳品。

薏米冬瓜瘦肉汤

原料： 冬瓜100克，薏米100克，瘦猪肉50克。

调料： 葱花、盐、鸡精各少许。

做法：

1.冬瓜（带皮）洗净，切块；瘦猪肉洗净，切成片。

2.将薏米、瘦猪肉片放入锅中，加入适量清水，大火煮开后，转小火煮2小时。

3.放入冬瓜块煮20分钟，加入葱花、盐、鸡精和植物油调味即可。

功效： 冬瓜含有多种维生素和人体必需的微量元素，可调节人体的代谢平衡，且冬瓜含钠量低，又有利尿作用。

西瓜皮炒肉丝

原料： 西瓜皮250克，肉丝200克，鸡蛋1个。

调料： 料酒、淀粉、盐、香油、植物油各适量。

做法：

1.将西瓜皮切去外边表皮，洗净，然后切成细丝，用少量盐拌匀，放置片刻，挤去盐水；肉丝加盐、料酒、鸡蛋清和淀粉拌匀。

2.净锅上火，放植物油，烧热投入肉丝滑散，见肉丝变色时即捞出。

3.锅留余油，放少许水、盐，烧开后投入西瓜皮丝及肉丝，翻炒后，下水淀粉勾芡，淋上香油，出锅即成。

功效： 西瓜皮具有良好的利尿作用。另外，新妈妈还可以用西瓜皮擦脸，能促进面部皮肤的新陈代谢，增加皮肤的营养，使皮肤润泽细嫩。